主编●鲍亚范 戴淑凤

U0278062

0—3岁婴幼儿早期教育
精编育儿200问

政府主导的早教系列丛书

内容全面、科学、实用

北京市东城区人口和计划生育委员会 组织编写

华夏出版社
HUAXIA PUBLISHING HOUSE

编委会名单

主　　编：鲍亚范　　戴淑凤

副 主 编：安　虹　　张志萍

编　　委：葛建林　　汪璇　　姚望　　晏红　　刘洁

插图设计：孙茉芊

前　言

当好孩子的第一任老师

近年来，有婴幼儿的家庭对早期教育有着很高的热情和期待。我们北京市东城区人口和计划生育委员会（以下简称"东城区人口计生委"）委托清华大学媒介调查研究室开展的"0～3岁婴幼儿家庭早期教育需求调研"结果显示：九成以上的0～3岁婴幼儿家庭认识到了"3岁前是孩子一生中发展最快、最重要的时期，对0～3岁的婴幼儿实施早期教育对他们一生的发展有良好的影响。"为此，东城区人口计生委全面贯彻落实科学发展观，在稳定低生育水平的基础上，优先致力于人的全面发展，努力探索提高人口素质的新途径。启动了"0～3岁婴幼儿家庭早期教育促进项目"，赢得了广泛的社会关注和赞誉。

根据0～3岁婴幼儿的成长离不开家庭环境的实际情况，我们提出早期教育项目要以PAT教育理念（即教会父母成为宝宝合格的启蒙老师）为指导，从开设婴幼儿家庭会员制实验班、社区早教大课堂、街道"家和社区早教指导中心"、腾讯网育儿频道专区页面四条途径实施东城区"0～3岁婴幼儿家庭早期教育促进项目"。

为了让家长们更方便地学习育儿知识，我们组织国内知名早教专家编写了这本《精编育儿200问》。该书对从婴幼儿日常护理、疾病防治、社交与情感三方面选取的近200个常见问题，逐一进行详细解答。为读者呈现的不仅仅是一本图书，也是专家一对一的个性化服务。

婴幼儿早期教育需要家长倾注更多的精力和耐心，仔细观察孩子的成长变化，捕捉孩子的每一个敏感阶段并悉心抚育，让他们在安全、自由并富有教育意义的环境中茁壮成长。

东城区人口计生委衷心祝愿家长们在《精编育儿200问》的指导下，更好地肩负起为人父母的神圣使命，为了孩子的健康成长，为了家庭的幸福，为了祖国的明天、民族的未来，努力成为孩子的第一任好老师！

鲍亚范

2012 年 11 月

目 录

【日常护理】

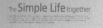

【疾病防治】

【社交与情感 】

1 如何判断母乳是否够吃？

有的新手妈妈反映，宝宝吃奶时，开始的时候还挺认真，但是不一会儿宝宝就睡着了，而嘴里还要含着妈妈的乳头，若将乳头拿出来……

2 妈妈乳头凹陷时，如何喂奶？

妈妈乳头凹陷，宝宝总是很难含住乳头和乳晕，每次哺乳搞得妈妈和宝宝都很疲劳，近来又出现乳头皲裂，该怎么办呢？

日常护理

1. 如何判断母乳是否够吃？

Q 有的新手妈妈反映，宝宝吃奶时，开始的时候还挺认真，但是不一会儿宝宝就睡着了，而嘴里还要含着乳头，若将乳头拿出来，宝宝就开始哼哼唧唧或者烦躁哭闹，把乳头重新放进她的嘴里，她会继续吸吮几口，可是没过多久，宝宝又睡着了。妈妈很担心自己的母乳是不是不够宝宝吃呢？

A 无论从生物进化角度，还是从生殖生理的实践，母乳喂养都是天然、合理的，母乳是自然、充足的。但是，由于现在的妈妈都是新手妈妈，再加上配方奶粉的宣传，很多妈妈总是担心母乳不够吃，宝宝一哭就认为没吃饱。那么母乳到底够不够，该如何判断呢？下面提供一些判断母乳是否充足的方法：

母乳充足的判断：

（1）宝宝吃奶时，伴随着宝宝的吸吮动作，可听见婴儿"咕噜咕噜"吞咽母乳的声音。

（2）妈妈们会觉得哺乳前乳房胀满，哺乳时有下乳感觉，哺乳后乳房变柔软。

（3）两次哺乳之间，宝宝感到很满足，表情显得快乐，眼睛明亮，反应灵敏。入睡时安静、踏实。

（4）宝宝每天更换尿布6次以上，大便每天2～4次，呈金黄色糊状。

（5）宝宝体重平均每周增加150克。满月时较出生体重可增加600克以上。

母乳不足的判断：

（1）哺乳时宝宝用力吸吮，却听不到吞咽母乳的声音。（母乳不足时吃奶时间比较长，母乳充足时宝宝吸吮20分钟就吃饱了。）并且不好好吸吮乳头，常常会突然松开乳头大声哭泣。

（2）哺乳前，妈妈常感觉不到乳房胀满，也很少见乳汁如泉涌般往外喷。

（3）哺乳后，宝宝仍然左右转头找奶吃或者哭泣，而不是开心地微笑，常常边吸吮边迷迷糊糊想睡觉，但又睡不踏实，不一会儿又出现觅食反射。

（4）宝宝大小便次数减少，量也减少，正常情况下，每日小便至少6次。

（5）宝宝体重增长缓慢或停滞。

母乳不够吃，不能单纯地看作母乳分泌不足，应积极找出母乳不足的原因。分析是否妈妈饮食不当、心情不好、精神疲劳或是哺乳的方法不对，以便针对问题及时解决，而不要轻易放弃母乳喂养。随着配方奶业的高速发展，广告宣传的引导以及社会、人文文化等各种因素的影响，纯母乳喂养率不断下降，希望妈妈们一定要坚持母乳喂养。

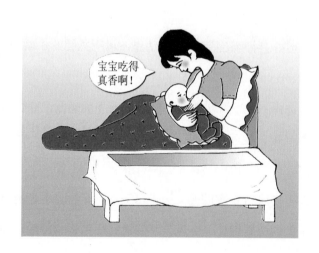

2. 妈妈乳头凹陷时，如何喂奶？

Q 妈妈乳头凹陷，宝宝总是很难含住乳头和乳晕，每次哺乳搞得妈妈和宝宝都很疲劳，近来又出现乳头皲裂，该怎么办呢？

A 乳头凹陷要从妊娠后期开始手法矫正。准妈妈要注意检查自己的乳头是否存在凹陷，如果有凹陷，应及时进行纠正。一般在孕32周后开始做乳房"十"字操，将乳头往外伸展，进行纠正。具体方法可咨询保健医生或者助产护士。如果有早产征兆，例如：频繁下腹痛、阴道有血性分泌物或者有早产史，"十"字操应改在孕37周后开始做。

哺乳期护理：产后仍要坚持"十"字操，哺乳的时候，可先用食指及拇指在乳头旁将乳头提起，送入婴儿口中，以利于婴儿将乳头及乳晕一起含在口中吸吮，直到婴儿吸住乳晕再放手。具体做法如下：

哺乳前：①采取舒适哺喂姿势；②湿敷乳头，随后用柔和手法按摩乳房，使乳头呈凸出状；③挤出少量乳汁涂于乳头，捻转乳头引起泌乳反射，使乳头连同乳晕易被婴儿含吮，在口腔内形成一个"长奶头"。

哺乳时：①婴儿饥饿时，先喂乳头凹陷一侧的乳房，这时吸吮力强，易吸住乳头及大部分乳晕；③采取环抱式或侧卧式哺乳，能较好地固定婴儿头部；③如吸吮未成功，也可用抽吸法使乳头突出。

哺乳后：戴上合适的乳罩，改善乳房血液循环。

3. 乳头皲裂时如何喂养?

Q 宝宝吃奶时我感觉乳头特别疼,有时还会出点血,这是怎么回事呢?

A 有的新手妈妈由于哺乳方法不恰当,乳头皮肤出现小裂口(医学上称皲裂),导致哺乳变得很痛苦。尤其是宝宝只含着乳头不含乳晕,用力吸吮时会出现剧烈疼痛。一旦细菌从裂口处进入乳腺管,还会引起乳腺炎或乳腺脓肿,部分新手妈妈就会中断母乳喂养,这对宝宝是极大的损失。为了促进乳头皲裂尽快愈合,坚持母乳喂养,不妨试试以下方法缓解乳头皲裂:

(1)哺乳前,先给乳头做湿热敷,并按摩乳房刺激泌乳反射,然后挤出少许乳汁使乳晕变软,易于乳头与宝宝的口腔含接。

(2)哺乳时,先吸吮健侧乳房,如果两侧乳房都有皲裂,应先吸吮较轻一侧,一定注意让宝宝含住乳头及大部分乳晕,并经常变换哺乳姿势,以减轻用力吸吮时对乳头的刺激。

(3)哺乳结束后,用食指轻按宝宝的下颌,待宝宝张口时乘机把乳头抽出,切勿生硬地将乳头从宝宝嘴里抽出。

(4)每次哺乳后挤出一点乳汁涂抹在乳头及乳晕上,同时让乳汁中的蛋白质促进乳头破损的修复。或用熟的植物油涂抹(即将花生油开锅后置于干净小瓶内,用时以棉签涂乳头),可使皲裂乳头很快愈合。

(5)若妈妈乳头皲裂疼痛厉害,可用吸乳器及时吸出乳汁,或用手挤出乳汁喂宝宝,以减轻炎症反应,促进裂口愈合。但不可轻易放弃母乳喂养,否则容易使乳汁减少或发生乳腺炎。

（6）乳汁外溢较多时，注意清洁，保持乳头表皮清洁柔软。

（7）如果裂口经久不愈或反复发作，轻者可涂小儿鱼肝油滴剂，但在喂奶时要先将药物洗净，严重者应请医生进行处理。

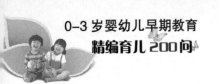

4. 添加辅食从什么时候开始，应注意哪些问题呢?

Q 宝宝现在 4 个月了，听有经验的妈妈说，4 个月开始宝宝就要添加辅食了，是这样的吗？如何给宝宝添加辅食呢？宝宝能吃些什么东西呢？

A 出生后第 5 个月时如果还是只吃母乳或乳制品，其营养就不能满足宝宝生长发育的需要，容易诱发维生素 D 缺乏性佝偻病及铁缺乏性贫血等疾病，并严重影响宝宝神经系统和体格的正常发育。所以，为防止这些营养素的不足，必须及时给婴儿添加辅食。

另外，随着宝宝的生长发育，各种消化酶的分泌也有所增加。5 个月的宝宝胃中淀粉酶的活性增强，可添加淀粉类辅食，以刺激胃肠道，促进消化酶的进一步成熟、分泌，增强胃肠道的消化功能；同时，还可锻炼宝宝的咀嚼和吞咽功能，为以后断奶做好准备。

添加辅食应遵循以下几个原则：由少到多、由稀到稠、由细到粗、由一种到多种。也就是说给宝宝添加辅食时，开始只给少量，观察一周左右，如果宝宝不呕吐，大便也正常，就可以逐渐加量。比如吃米糊，先喂 1 匙，看宝宝是否有不良反应，如果没有就可以逐渐加量；吃鸡蛋，先吃蛋黄，从 1/4 个开始，逐渐加至 1/3、1/2、1 个，能吃整个蛋黄以

后，适应一段时间再加上蛋清一起吃，如蒸鸡蛋羹。喝粥，则从稀到稠逐渐过渡。辅食从细到粗是指先是制作成"泥"状，如菜泥、果泥、肉泥，慢慢过渡到碎菜、切成小块的水果、肉末等等。鱼肉比猪肉或牛肉质优，又相对好吸收，所以5个月后可以先从鱼泥开始添加。添加辅食不要过快，一种辅食添加后要适应一周左右，再添加另一种辅食。注意不要在同一时间内添加多种辅食。蛋黄、米糊、菜泥、水果泥、鱼泥等，这也是断奶、吃固体食物必经的过渡阶段。

如何添加才合理呢？有些爸妈太着急，辅食加得太快，今天加一种，明天又加一种，看宝宝爱吃就一下子喂很多，结果造成消化不良。相反，有些妈妈总怕宝宝吃了不吸收，迟迟不敢添加，结果造成宝宝营养缺乏，比如缺铁性贫血。

每个宝宝消化吸收功能都不一样，父母要根据自己宝宝的具体情况添加辅食，不要死搬书本，也不要与别的宝宝攀比，看人家辅食花样比自己的宝宝多，就着急赶快加，结果事与愿违，造成消化不良。另外，夏天生病时，宝宝的消化功能较弱，最好少加新的辅食。皮肤过敏的宝宝应适当推迟添加辅食的进度。

5. 如何给宝宝断奶?

Q 该给宝宝断奶了,但是他总是依赖母乳,也不爱吃添加的辅食,勉强让他吃点,他就大哭大闹,不知道怎么办才好。

A 从宝宝生长发育的需要来说,1 岁以内是断奶的适宜年龄;断奶对宝宝而言,不仅具有生理意义,还具有心理意义。6 个月以后,母乳中的蛋白质和矿物质明显减少,妈妈可以逐渐给宝宝添加辅食,为断奶打基础;12 个月左右很多宝宝逐渐从流质、半流质过渡到固体食物。有的宝宝断奶比较顺利,有的比较麻烦,这与宝宝的生活习惯以及亲子关系有很大关系,根据宝宝的个性特点妥善处理宝宝的"心理断奶"非常重要,它比"生理断奶"的影响更大。给宝宝断奶,一定要循序渐进,不可太过突然,否则可能会使宝宝因不适应而生病;而宝宝过分哭闹,也会影响妈妈的心情。

建议妈妈给宝宝断奶从以下几方面入手:

(1)提前两个月作为给宝宝断奶的过渡期。逐渐增加辅食的量、品种和喂食次数,渐渐让辅食成为主食,并要提前让宝宝适应配方奶的味道,以便断母乳后顺利改用配方奶。

(2)增加辅食的浓度,延长宝宝两餐间隔时间。可通过辅食浓度、稠度的增加而延长间隔时间,争取过渡到一日三餐都以辅食取代,配方奶可以喂 2～3 次。

(3)烹饪辅食要美味、细软些,让宝宝逐渐不依恋母乳。

(4)依恋母乳拒食配方奶的宝宝,应提前几个月接触配方奶味道的刺激;另外,断母乳换用配方奶时,争取让其他家人喂宝宝,宝宝看不到妈妈,哺喂其他食品就

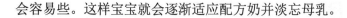

会容易些。这样宝宝就会逐渐适应配方奶并淡忘母乳。

（5）给宝宝断母乳时，喂养方面要注意以下几点：

·选择食物要得当。食物的营养应全面和充足，除了瘦肉、蛋、鱼、豆制品外，还应有蔬菜和水果，断奶期最好要保证每天吃配方奶 400 毫升左右。

·烹调要合适。要求食物色香味俱全、花样变换、搭配巧妙且易于消化，以便满足宝宝的营养需求，并引起其食欲。

·饮食要定时定量。刚断奶的宝宝每天要吃 5 顿，即在每两餐之间都应加配方奶、点心和水果。

·耐心喂养宝宝。有些宝宝断奶后可能很不适应，因此喂食时要有耐心，让宝宝有足够的时间慢慢咀嚼。

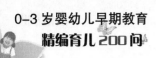

6. 如何为宝宝选择零食?

Q 宝宝1岁了,平时很喜欢吃零食,妈妈怕吃多了会对身体有影响,并会养成好吃零食的坏习惯。给宝宝吃什么零食比较适合呢?

A 很多妈妈都反对孩子吃零食,但是,绝对不让宝宝吃零食似乎很难。其实零食不是禁忌,只是需要适度。零食可以避免两餐之间人体摄取能量不足,并提供一定量的营养素。所以,与其禁止孩子吃零食不如引导孩子科学地选择零食。

卫生部制定的《中国儿童青少年零食消费指南》中建议:那些营养素含量丰富、低脂肪、低盐、低糖的食品,可提供膳食纤维、钙、铁、锌、维生素 C 等人体必需营养素,孩子是可以适度食(饮)用的。如无糖或低糖燕麦片、煮玉米、全麦面包、豆浆、香蕉、西红柿、黄瓜、梨、桃、苹果、柑橘、西瓜、葡萄、纯鲜牛奶、纯酸奶、大杏仁、松子、榛子、不加糖的鲜榨橙汁、西瓜汁等。

那些营养素含量相对丰富,但含有或添加了中等量的脂肪、糖、盐等成分的零食,孩子可以适当食(饮)用。如黑巧克力、松花蛋、卤蛋、火腿肠、肉脯、鱼片、蛋糕、海苔片、苹果干、葡萄干、奶酪、奶片、杏仁露、乳酸饮料等。

而那些营养价值低却含有或添加了较多脂肪、糖、盐等成分的零食,因为不太健康,所以应该尽量限制孩子食(饮)用。如棉花糖、软糖、水果糖、炸鸡块、奶油蛋糕、膨化食品、巧克力派、奶油夹心饼干、方便面、罐头、果脯、炸薯片、碳酸饮料、冰激凌等。

另外,妈妈还应遵循几个原则:首先,孩子吃零食的时间不要离正餐时间太近,以至少相隔 1.5 小时为宜；其次，以不影响正餐的食量为准，每天吃零食最好别超过 3 次，睡觉前半小时应避免吃零食（如豆类、带小核的水果等）；再次，因为有些幼儿吞咽功能尚未发育完善，稍有不慎零食可能呛入气管，造成窒息，所以，幼儿一定要在妈妈的看护下吃零食；另外，不要把零食当作安慰剂；最后，吃完零食后，应让孩子养成漱口的习惯，以保护牙齿，预防龋齿。

7. 宝宝贪吃零食怎么办?

Q 婆婆在家看宝宝,宝宝不听话的时候,她一给宝宝吃零食,宝宝就听话了。对这个问题的看法我和婆婆有分歧,她说宝宝只是不乖的时候才吃点零食,不影响吃饭,没有问题的。请问专家是这样的吗?

A 婆婆的做法实际上是用零食来缓解宝宝的不良情绪,使宝宝以零食所带来的快感取代与奶奶发生冲突时所产生的不愉快。零食缓解情绪的作用在于孩子不听话的时候会闹情绪,闹情绪会消耗身体能量,进而使人感到一定程度的疲劳和饥饿,大人有心理压力的时候也是这样,所以,零食有时候具有缓解情绪和疲劳的作用,但是不宜对这种方式产生依赖。

对一个策略的评价不仅看它是否暂时有效,还要看它是否长远有益,既有效又有益的策略才是最好的策略。零食中的各种添加剂对宝宝的身体发育无益,长久下去甚至有害,一次吃多了还影响宝宝吃正餐。最终,我们应该从根本上解决孩子的情绪问题,例如提高宝宝的游戏水平、心理素质、认识能力以及增加亲子互动的花样与质量,这样才有利于宝宝的长远发展。

8. 宝宝吃饭难如何教养？

Q 宝宝吃饭可难了，总是到处跑，每顿饭都要追着赶着喂，经常是饭菜都凉了，还没吃几口。宝宝好像也并不饿，这样会不会影响长个儿？怎么办才好呢？

A 很多父母盼着自己的宝宝快一些长大，总是凭直觉认为宝宝越大，吃得就会越多，宝宝的活动量越大，食欲就会越来越旺盛。于是凭着自己的直觉，新喂养计划应运而生。实际上，不同年龄的孩子对食物的需求是不同的，宝宝的食欲并不一定和年岁的增长成正比，而是和身体生长的速度有很大关系。一般说来，小儿出生后的第一年是食欲旺盛的时期。因为在这一年里，宝宝身体生长的速度最快，食欲自然最好，到了吃饭的时候，往往不等父母准备好，宝宝已经饿得嗷嗷叫了。一岁后会走路的时候，宝宝身体的生长速度逐渐地慢了下来，使得对食物的需要量不那么大了，宝宝饭量的增加也会相对减慢，而对活动的渴望和冲动却很大。如果父母所制定的喂养计划不符合宝宝的实际需要，没能适应宝宝的消化能力，而是从主观上期望值过高，那么在具体实施时就可能感觉到"孩子吃饭真难"，甚至为此产生焦虑。

宝宝吃饭难的教养策略：首先，家人对宝宝的食物需要量要实事求是。对宝宝饭量的设定要依据宝宝的实际需要，不要总与别人家的孩子攀比，因为每个孩子的食量是不同的。一般来讲，孩子是知道饥饱的，对每餐进食量也能够自行调节。当他不肯再吃饭时，就不要再勉强喂他，千万别逼迫宝宝多吃，这样会适得其反。

其次，要了解幼儿心理发展的特点。刚刚学会走路的宝宝，自由走动才是他最大的兴趣。同时由于直立行走，两只手被进一步解放出来，动手的欲望和冲动时刻驱使着宝宝，没有他不想动、不敢动的。睁开眼睛就是跌跌撞撞地走动和胡乱折腾，在折腾中学习做事、提高认知、增强体质，也提高大小动作的协调能力。玩到兴致上来时，他不把吃饭当回事，可父母却把"喂饭"当作一件大事来抓，追着喂，撵着喂。越是追，越是撵，宝宝越是把躲避家人的追和撵当成一种娱乐，怎么还有心思吃饭呢？这也就造成了"喂饭难"。

另外，必须让宝宝从不会走路就养成良好的定时定位进餐的习惯，不仅吃饭的时间要相对固定，吃饭的地点也要相对固定，可以专门为他准备合适的桌椅，放在固定的地点，或者就让他与大人同桌进餐，椅子位置放在餐桌靠里，使宝宝不能随便乱跑；吃饭时放悠扬的轻音乐，让宝宝心情愉悦，情绪稳定；还必须把那些可能会转移他注意力的玩具拿走，将卡通电视等在饭前 0.5 ～ 1 小时就停止；饭前 1 小时不给宝宝吃零食，不喝饮料，到吃饭时间，自然就饿了，宝宝才能"饥不择食"，才能专心致志地吃饭。

9. 宝宝把饭含在嘴里不嚼怎么办?

Q 我家宝宝有个很不好的习惯,就是吃饭要很长时间,因为他总把饭含在嘴里。我们大人动之以情,晓之以理,但是都没有什么作用,请专家指点。

A 宝宝把饭含在嘴里不嚼或者嚼了也不吞咽,是让妈妈比较苦恼的吃饭习惯。其实,宝宝的咀嚼和吞咽能力是没有问题的,关键还是宝宝没有饥饿感。吃饭是人的本能需要,并不需要"动之以情,晓之以理",现在的情况主要是宝宝的运动量不足造成的。现在的宝宝吃的食物营养价值比较高,需要付出一定的体力把它消化了,下一顿饭才能吃得香。所以,妈妈不要总让宝宝安静地坐着玩,要带着他走走、爬爬、蹲蹲、站站,做到动静结合。例如,为他提供一个手推车或者一个皮球,帮助他进行大运动,宝宝消耗了能量就需要补充新能量,于是就产生了食欲。还需要提醒妈妈的是,要培养宝宝按时定量吃饭的好习惯,不要不停地让宝宝吃零食,使宝宝整天处于不饱也不饿的状态,这是影响宝宝食欲的一个重要因素。

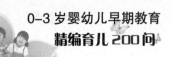

10. 宝宝在家不如在幼儿园吃饭好怎么办?

Q 我家宝宝24个月，在幼儿园就吃得多，在家吃饭喂他就很费劲，通常都要半个小时以上，而且他愿意自己拿匙点啊点的，根本不吃，不喂更不行，该怎么办?

A 出现这种情况可能存在多种原因。首先，要搞清楚宝宝离开幼儿园之前是否刚刚吃过晚饭或者水果、点心，如果这样的话，晚上就不宜再让宝宝吃得太多，没有饥饿感的他也不会吃很多，所以他的兴趣点就不在"吃饭"，而是"玩饭"了。其次，宝宝并不一定与成人同时产生饥饿感和食欲，如果宝宝只是"用匙点啊点的"，说明他根本就不想吃饭，妈妈就把宝宝抱走，让他做其他游戏，否则宝宝不但没吃下饭，反而养成了不良的饮食习惯。再次，两餐之间确保宝宝的运动量，让他消耗掉一定的能量，他才能感觉到吃饭的必要与香甜。另外，宝宝对盘、碗、勺、饭、菜等生活用品和材料很感兴趣，他想探索这些物品的特点，这是正当的学习要求，妈妈可以在不吃饭的时候给宝宝提供这些塑料制品，再切一些真实的萝卜丝、白菜让宝宝感知，用纸巾搓一些"面条"、揪一些"米饭"让宝宝玩，宝宝会用各种动作尝试摆弄这些用品和材料，结果既促进了他的智力发育，也满足了他"玩饭"的需要，有助于他养成专心吃饭的好习惯，减少吃饭时"节外生枝"的坏习惯。

11. 宝宝不爱吃蔬菜，怎么办?

Q 开始给孩子添加蔬菜时，他总是不吃蔬菜，我以为可能孩子还小不能适应，想等他长大一些再说。没想到两岁多了，还是不喜欢吃蔬菜，我实在是不知道怎么办才好。

A 随着社会经济和文化的发展，越来越多的妈妈重视孩子的饮食质量，大部分妈妈都能给孩子提供充足的高蛋白质及高热量的食物，如鸡、鱼、牛奶、肉、豆制品等。相比之下，蔬菜则没有引起妈妈足够重视。孩子吃菜少有时是因为孩子偏食，只爱吃肉不爱吃菜，有些是因为蔬菜制作方法不好，小儿咀嚼功能差，吃起来费力而不爱吃菜，所以我们可以采取以下方法烹饪蔬菜:

①做成馅:炒菜时切碎一些，可以将蔬菜放在肉里做成馅，做成馄饨、饺子、包子，还可以做成菜团子或馅饼，鼓励孩子食用，从小吃惯了蔬菜的味道，习惯成自然，孩子就不会形成拒绝吃蔬菜的毛病。

②生熟搭配:有些蔬菜可以生吃，生吃可以避免维生素被破坏或流失。另外，夏天可以加点醋拌凉菜，醋既能保护菜里的维生素C不被破坏，又能溶解纤维素，还能调味，刺激食欲，帮助消化。

③荤素搭配:取长补短，能增加孩子的营养，有益于儿童健康。

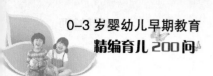
如有的孩子不爱吃胡萝卜，可以做猪肝胡萝卜汤。制作方法是：将猪肝和胡萝卜分别洗净切成片，用适量清水，先放入胡萝卜，煮 20 ～ 30 分钟，再放入猪肝，煮片刻后加油盐调味即可食用。这样还可预防贫血及维生素 A 缺乏。

3 ～ 6 岁的宝宝中，有近半数对蔬菜不感兴趣，这些孩子中会有 15% 基本上一点蔬菜也不吃。为了"强迫"孩子吃蔬菜，父母不知道跟孩子发生过多少次"战争"，在屡战屡败的沮丧中，有些父母投其所好，认为"反正他爱吃水果，爱喝果汁，维生素应该不缺乏"。还有人认为，"孩子的体格壮实着呢，又没便秘，也许吃蔬菜并没有我们想象的那么重要"。然而，营养学家却不赞同以上说法，他们认为：

①应该珍惜丰富的口感体验。撇开蔬菜中丰富的营养成分不谈，它在咀嚼中给予宝宝丰富的口感体验，是其他食物所不能替代的。

②以水果代替蔬菜并不全面。宝宝拒绝蔬菜，却热爱水果，妈妈是否该舒一口气呢？其实，过多的果糖摄入不仅给宝宝带来消化上的负担，相比之下他会愈加反感蔬菜的清淡。妈妈鼓励宝宝多吃水果时往往心里想"因为他不爱吃蔬菜"。这种暗示常常会加深宝宝的心理定式，使他更觉得吃蔬菜几乎等同于"吃苦"，是一项强迫性的任务。

③先茎后叶的原则。3 ～ 6 岁的儿童仍然排斥蔬菜，多数是源于更小的时候的一次"卡着"的经验，成团的菜叶卡了宝宝的喉咙，使他痛苦不堪，眼泪汪汪的。从此一听说要吃蔬菜，宝宝首先在情绪上就被"卡着"了。训练宝宝吃蔬菜，一定要保证他不被"卡着"，像芹菜这样富含纤维的蔬菜，一定要遵守先茎后叶的原则。先选一些气味不那么重、纤维相对较少的蔬菜，如西洋芹切丁与其他蔬菜同炒，让宝宝尝试下，然后再让他逐步过渡到吃白梗芹菜和绿梗芹菜，最后，再尝试让宝宝喝芹菜碎叶煮的羹汤，吃芹菜叶拌花生米。如果宝宝不反感蔬菜的香味，炒完后让他帮忙端菜，鼓励他闻蔬菜的香气，也可以培养他的尝试欲。

12. 哪些食物孩子不能多吃?

Q 据报道有些食品不能吃或者不能多吃,但是,许多宝宝就是喜欢吃,老人也喜欢给孩子买,于是乎越吃越上瘾,不给买就撒泼打滚,该怎么办?到底哪些食物吃了无妨,哪些不能吃?为什么?

A 一般家长都喜欢满足孩子的愿望,孩子乐,家长也乐;孩子喜欢吃的,就是家长愿意买的;孩子吃着香,家长就高兴,于是变着花样让孩子吃。但有些食物不适合婴幼儿吃,或者不能多吃,否则会影响孩子正常的消化功能,甚至引起消化系统疾病和营养失衡,有的食品对处在生长发育阶段的孩子是有害的。以下食品孩子不宜多吃:

(1)油炸食品

油炸食品中炸薯条、炸土豆片是宝宝极喜爱的小食品。但是,如果让宝宝经常食用,对他的正常发育是很不利的。因为油炸食品在制作过程中,油的温度过高,会使食物中所含的维生素被大量破坏,使宝宝失去从这些食物中获取维生素的机会。如果制作油炸食物时,用的是反复用过的油,里面含有多种有毒的不挥发物质,对人体健康十分有害。其次,油炸食物也不好消化,易使孩子产生饱腹感,从而影响宝宝的食欲,到吃正餐时,孩子没有食欲,久而久之导致营养不良。

另外,给宝宝吃油饼或油条时,还要注意铝摄入过多的问题。在制作油饼、油条的

过程中必须加入明矾，明矾中含有铝，铝的化合物很容易被吸收进入体内，如果沉积在骨骼，可使骨质变得疏松；如果沉积在大脑，会使脑组织受损，发生器质性改变，出现记忆力减退、智力下降等；如果沉积在皮肤，可使皮肤弹性降低，皮肤褶皱增多等。此外，铝还会使人食欲不振和消化不良，影响肠道对磷的吸收从而影响钙磷代谢等。因此，妈妈不要经常用油条作为宝宝的早餐。总之，各种油炸食物均不宜多吃。

（2）肥肉

众所周知，瘦肉里含蛋白质多，肥肉则以脂肪组织为主，肥肉的肉质越是肥美，所含的脂肪就越多，供给人体的热量也会越多。因为肥肉很香，又便于幼儿咀嚼、吞咽，所以许多宝宝都很爱吃肥肉。蛋白质、脂肪、碳水化合物是儿童生长发育必需的三大营养素，不能缺少。按比例适当吃些肥肉对生长发育也是又有益的，但是不宜多吃。如果长期过多吃肥肉，导致脂肪在体内堆积，对幼儿的生长发育十分不利，原因如下：

①脂肪摄入过多与心血管疾病。脂肪摄入过多必然会导致体内脂肪的成分过剩，致使血液中的胆固醇与甘油三酯含量增多，使日后心血管疾病的发生率增加。许多研究报道，胆固醇在血管壁的沉积，从幼儿时期就开始了。所以，对孩子的脂肪摄入一定要适当地进行控制，尤其是肥肉不宜多吃。

②脂肪摄入过多与肥胖。脂肪摄入过多会导致儿童体内产热过剩，过多的热量以甘油三酯的形式贮存在体内，成为肥胖症的祸根。近年来，鉴于肥胖儿激增的现实，提醒妈妈一定要从小注意孩子的膳食平衡，认真控制孩子脂肪的摄入量。

③脂肪摄入过多与食欲。肥肉中约含 90% 的动物脂类，含饱和脂肪酸较多，胆固醇高，消化缓慢，在胃内的停留时间长，吃后易产生饱腹感，影响宝宝的食欲。

此外，高脂肪饮食将影响宝宝对钙元素的吸收。

（3）膨化食品

膨化食品吃起来香、酥、脆、甜，不仅是宝宝喜爱的零食，就连成人闻到那诱人的香味也会垂涎三尺。现在市面上的爆米花等膨化食品很多，而且价格便宜，妈妈经常买来给宝宝吃。其实，这类食品都不宜给宝宝多吃，因为膨化食品中含有危害人体健康的毒素——铅。

制作爆米花时，铁罐被烧得很热，铁罐内壁上的铅锡合金在加热的过程中，以汽化的形态进入爆开的米花中，污染了食物。经测定，个体户制作出售的膨化食品中含铅量高达每千克 20 毫克，超过国家规定铅含量的 40 倍 (我国食品卫生标准规定，糕点类食品含铅量每千克不超过 0.5 毫克)。科研结果显示，在成人血液中铅的含量为 80 ～ 100 微克 /100 毫升时会出现铅中毒的症状；而儿童血液中铅的含量只要达到 50 ～ 60 微克 /100 毫升，即可出现铅中毒的症状。铅在胃肠道的吸收率也因年龄而异，一般成人的铅吸收率为 10%，儿童则高达 53%。除此之外，儿童的软组织里还含有较多具有高生物活性的"可移动"铅，这些都成为儿童急性毒性反应强烈的原因。

血铅高时，机体各系统都会受到影响，尤其是神经系统、消化系统、心血管系统和造血系统。具体表现为精神呆滞、厌食、呕吐、腹痛、腹泻、贫血、中毒性肝炎等。

尽管膨化食品中纤维素的含量较高，但与铅的危害相比，利小于弊，所以，还是尽量少吃或不吃为好。

（4）糖类食品

糖类，几乎人人爱吃，特别是儿童，不少人认为多吃糖脑子聪明，常把糖当零食给孩子吃。于是，孩子身边糖果、巧克力或甜点心不断。有的妈妈发现孩子爱吃甜食，就顿顿做甜粥、糖包，还喝甜饮料、浓糖水。有的妈妈给孩子做菜也喜欢多放些糖，以为这样就可以增加营养。诚然，糖类是人体主要营养素之一，不能不吃，但任何一种营养过多都是有害的。

①摄入过多的糖之后，消化不了的糖便在体内转化为脂肪，导致小儿肥胖，成为心血管疾病的潜在诱因。

②糖只能供给热量，而无其他营养价值。吃糖多时，其他营养素的吸收势必减少，导致体内蛋白质、维生素、矿物质缺乏，极易造成营养不良。

③吃糖多将会给口腔内的乳酸杆菌提供有利的生存条件。糖滞留在口腔内，容易被乳酸杆菌分解而产生酸，使牙齿脱钙，诱发龋齿。

④糖吃多了，小儿就不想吃饭；患了龋齿之后，孩子咀嚼时会疼痛，咀嚼无力，也影响食欲，日子长了，进食量减少，营养摄入不足。

⑤糖吃多了，易产生过多胃酸，使胃受刺激，易患胃炎。

⑥吃惯甜食的小儿往往不喜欢无甜味的食品，长期下去也会使口味变差，食欲不振。

（5）其他不宜多吃的食品

菠菜：含有大量草酸，吃得太多会在小儿体内与钙、锌生成草酸钙和草酸锌，不易吸收，从而导致儿童骨骼、牙齿发育不良。

鸡蛋：每天最多吃 3 个，吃得过多也会造成营养过剩，引起肥胖。

果冻：本身没什么营养价值，多吃或常吃会影响儿童的生长发育。

咸鱼：10 岁以前开始就常吃咸鱼，成年后患癌症的几率比一般人高 30 倍。

泡泡糖：其中的增塑剂含微毒，其代谢物对人体有害。

豆类：含有一种能致甲状腺肿的因子，儿童处于生长发育时期更易受损害。

罐头：其中的食品添加剂对儿童有不良影响，易造成慢性中毒。

方便面：含有对人体不利的色素和防腐剂等，易造成儿童营养失调。

葵花籽：含有不饱和脂肪酸，儿童吃多了，会影响肝细胞功能，引起干燥症。

可乐饮料：含有一定的咖啡因，影响中枢神经系统，儿童不宜多喝。

动物脂肪：吃的过多不仅造成肥胖，还会影响钙的吸收。

羊肉串：儿童喜欢吃烤羊肉串，常吃火烤、烟熏食品，会使致癌物质在体内积蓄，到了成年易发生癌症。

巧克力：食用过多，会使中枢神经处于异常兴奋状态，产生焦虑，使心跳加快，也影响食欲。

猪肝：儿童常吃或多吃，会使体内胆固醇升高，成年后易诱发心脑血管疾病。

13. 怎样让宝宝喜欢喝白开水？

Q 以前我在家里照顾宝宝的时候，宝宝很会喝水，自从保姆代替我照顾宝宝以后，他就不愿意喝水了。保姆说是小区里的小朋友妈妈给了他饮料，他尝到甜味就闹着喝饮料，不给就哭，保姆怕他哭就给他喝，现在我回家喂他喝水，他也不听话了。喝水少了，宝宝经常上火，怎么办呢？

A 给你推荐两个方法，一个是提高认知法。水喝得少，尿色会变黄，指导宝宝观察自己的尿色，告诉他尿色黄说明缺水了，"这是坏尿"，应该喝水了。如果尿色是透明的，告诉宝宝"这是好尿"，表扬宝宝喝水好，是个好孩子。还可以指导宝宝感受缺水时排泄大便比较困难，屁股痒了也不舒服，结合宝宝的亲身体验，告诉他"喝水，屁屁舒服"、"缺水，屁屁不舒服"。另一个是提高兴趣法。在水杯里放上几片香蕉、苹果、柠檬、西瓜，或者几粒樱桃、草莓，在视觉上提高白开水的吸引力，但是注意别让宝宝被水果呛着了。妈妈还可以让宝宝看着自己喝水，并流露出清爽、酣畅的神情，用积极的情绪带动宝宝喝水。

14. 宝宝在亲子班总吃东西怎么办?

Q 周末带宝宝到一个早教中心上课,儿子特别喜欢吃这里免费提供的饼干,吃个不停,上次就吃得积食住院一个星期,回来后还是爱吃。我知道味道好的饼干里面有香精等添加剂对宝宝没好处,但是宝宝不吃就不上课,我又不能跟人家说别提供这种饼干了,我该怎么办呢?

A 有的妈妈周末想休息睡懒觉,又得带宝宝上课,于是不吃早饭或者随便吃一点,宝宝到早教中心就该大吃大喝了。因此带宝宝上课之前,首先要让宝宝在家里吃饱喝足,没有饥饿感,这会大大减少宝宝在外的食量。即使这样,可能有的宝宝还是控制不住美食的诱惑,妈妈的态度要坚定。如果不能制止宝宝吃饼干,就跟宝宝说只能吃五块或者十块(依据饼干大小而定),并当着宝宝的面数清楚,宝宝吃一块,妈妈就说:"还剩九块了,吃完就不能再吃了。"还剩一两块的时候,妈妈说:"还剩两块了,你是上课前吃还是下课后吃?上课前吃完,下课就不能吃了。"如果宝宝执拗不配合,仍然吃完还要吃,妈妈就把宝宝抱出去,为了宝宝的身体健康,损失或者往后顺延一节课也是值得的,关键是还培养了宝宝的自我控制能力。如果宝宝课前吃完,课后还要吃,就直接抱宝宝离开。另外,家里也可以买少量同样的饼干,让宝宝不对这里的饼干感觉稀奇,也有利于防治宝宝暴食饼干。

15. 哪些孩子需要补充维生素?

Q 宝宝的膳食结构已较为合理,营养也很均衡了,还用给他额外补充维生素吗? 又如何补充呢?

A 如果能够给宝宝合理调配膳食,使之达到全面均衡地提供各种营养,理论上讲可满足儿童对维生素的需要。而对一些存在膳食营养不全面、偏食挑食等问题,有消化系统疾病,或生长过快的孩子来说,要根据情况适当补充。中国营养学会副理事长赵法教授指出:理论上说只要膳食平衡无需额外补充维生素,但实践证明,因为很多因素的限制,如食品加工、过度烹调以及繁忙的生活节奏和不合理的喂养及饮食习惯等,日常膳食常难以达到平衡,需要根据孩子具体情况适当补充维生素。儿童如不能摄入足够的维生素,将对发育和健康产生不利影响。

中国营养学会妇幼营养学会、上海和广州市营养学会,对北京、上海、广州三地4～9岁儿童进行的补充多种维生素对促进儿童生长发育影响的研究成果表明,即使在生活水平较高的地区,也存在着儿童体内缺乏维生素的现象,特别是维生素A、B_1 和 B_2。据对儿童血液和维生素尿负荷试验测定,血清维生素 A 低于正常值者竟高达 56%～63%,维生素 B_1 不足者达 26%,维生素 B_2 不足者达 45%。其次是血红蛋白和维生素 C,低于正常值者分别为 18% 和 15%。究其原因,可能与这些营养素摄入不足有关。从所周知,缺乏维生素 A 可能导致夜盲症,容易得感冒、腹泻;维生素 B_1 缺乏严重会导致脚气病等。此项研究指出对维生素缺乏的孩子补充多种维生素,能明显促进儿童身高、体重增长,提高儿童抗病能力,促进儿童健康成长。

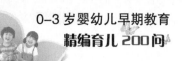

16. 宝宝睡觉容易醒怎么办?

Q 宝宝4个月，入睡比较慢，有点动静就醒了，睡觉时间不长，半夜醒了以后眼睛睁得大大的，大人就得陪他玩，然后就睡不着了，白天还得上班，感觉养宝宝很累，宝宝的睡眠什么时候能跟大人一样有规律？我们现在做点什么能帮助宝宝好好睡觉?

A 宝宝的睡眠与成人的睡眠有很大的差异。一夜睡眠中成人大约有75％属于深睡状态，25％属于浅睡状态；而宝宝大约有45％是深睡，35％是浅睡，10％是深睡与浅睡之间的过渡状态，而且宝宝睡觉最长的时间不一定是在夜间。宝宝的深睡时间短、容易醒也是生理特点，因为宝宝不会说话，那么睡眠过程中发生的事情和出现的需求就要用苏醒后的哭声传达给妈妈，例如渴了、饿了、热了、尿了、鼻子不透气了、睡姿不舒服了等各种信息，妈妈收到宝宝的"呼救信号"后可以及时地给予帮助。当然，妈妈的睡眠被打断后可能感觉又累又烦、比较辛苦，但这是为宝宝的生长发育必须做的事情。一般情况下，70％的宝宝3个月大以后能形成夜间比白天睡眠时间长的成熟模式，但是仍然有10％的宝宝在第一年

内做不到这一点，妈妈能做的事情就是保持耐心、尊重宝宝的发育节奏。

建议妈妈采取"四部曲"照料法：

第一步，先观察宝宝的情况，如果宝宝不哭，就让他先安静地呆一会儿，等待宝宝能够自己再次入睡，宝宝处于深睡与浅睡之间的过渡状态，是不需要醒来玩耍的。

第二步，如果宝宝稍微出现哭闹不安，妈妈可以轻轻地拍拍宝宝，看宝宝是否继续入睡；

第三步，如果宝宝加大哭闹，用手摸摸宝宝的头、手、屁股，检查宝宝是否冷、热或者尿湿，需要妈妈给予照顾；但是注意不要搂抱或与宝宝喃喃低语，也不一定就都需要喂宝宝，这些行为都会让宝宝完全苏醒，导致妈妈半夜起床陪他玩。

第四步，如果宝宝大哭不止，则需要检查宝宝是否生病了。

17. 怎样让宝宝有足够的睡眠时间?

Q 宝宝 4 个月零 6 天了, 体检时体重和身高都不达标, 特别是身高, 还差 8 厘米才达标, 医生说是睡眠不足引起的, 我们一家听了很着急, 想尽办法让他入睡, 可越想让他睡他越不睡, 我的孩子一天只睡 10 个小时左右, 怎么办呢?

A 4 个月的宝宝应该一天睡 15 个小时左右才更有利于生长发育, 但事实上宝宝的睡眠状况差异比较大, 有的宝宝睡眠时间比较短, 而且睡眠不深, 容易醒; 有的宝宝还养成必须由妈妈抱着或摇着才能入睡的习惯; 有的宝宝只接受妈妈哄睡, 拒绝其他人哄睡……总之, 比较挑剔的睡眠习惯将会影响宝宝的睡觉时间和睡眠质量。为了让宝宝顺利入睡, 妈妈要培养宝宝养成良好的睡眠习惯。例如睡觉前为宝宝播放固定的音乐, 减少其他声音, 把窗帘拉上, 灯光变暗, 把宝宝放在床上轻轻拍他入睡, 也可以放在摇床里轻轻摇他入睡, 这些都是为宝宝建立入睡的条件反射, 形成稳定的入睡程序。睡前洗澡有助于睡眠, 你还可以试试睡前为宝宝洗个热水澡。另外, 还提醒你睡前应让宝宝吃饱, 否则宝宝半夜醒来既想吃饭又想睡觉, 他吃一口就睡了, 一会儿又醒了, 再吃一口, 这样宝宝会因饥饿而睡不踏实。

18. 宝宝睡姿有什么讲究?

Q 宝宝5个月了,总是喜欢趴着睡,为了让宝宝睡得踏实,常常把他弄成侧身睡,这样做合适吗?会不会影响宝宝的脸部发育?

A 很多妈妈都喜欢让宝宝仰卧着睡,偶尔让其侧卧,一般不会采取俯卧,认为俯卧可能会使宝宝憋气,其实这种担心是不必要的。宝宝自我调节的能力是很强的,你让他多体验几种睡姿,他会很快适应,并会自动做出相应的调整。但是,婴儿床铺一定要硬而平一些,不能太软,太软不利于头颈部及上肢活动,对脊柱发育也不利。另外,多种姿式睡眠,既有利于美容,不至于头面歪斜,又可以锻炼宝宝的活动能力,如侧卧可以帮助宝宝练习翻身,俯卧可以锻炼宝宝的颈部肌肉,练习抬头,为以后学习匍行和爬行打下基础。

现在的家庭条件都较为优越,许多家庭不仅让孩子睡在软床上,还铺很厚很软的垫子,两旁放上又软又大的枕头,有的还放些布娃娃。这样做危害有三:一是易发生窒息,当婴儿来回翻动时易被柔软的被褥或枕头等堵住口鼻,造成婴儿窒息。二是不利于宝宝活动,尤其是对脊柱的四个生理弯曲的形成不利。三是不利于宝宝多种姿势变换。因此,我们主张让孩子睡硬板床,可以在床上练习抬头,左右转头,也可以练习翻身、匍行及以后的坐起、站立、迈步等等。

至于俯卧位能睡多长时间,不必硬性规定,只要宝宝高兴,俯卧位睡眠也能使宝宝睡得踏实而舒服。

对于溢乳的小婴儿,侧卧位是防止误吸的好办法,可以防止奶汁误吸入气管造成婴儿窒息。有的妈妈担心头形会睡歪,其实只要你不是固定一侧卧位,即左右侧卧位勤更换就不会睡成歪头。

下面几种睡眠方式，应尽量避免：

（1）摇睡

当宝宝哭闹时，一些父母将其抱在怀中或放入摇篮里摇晃，宝宝越哭，妈妈摇晃得更甚。有人研究指出，剧烈摇晃动作会使大脑在颅骨腔内不断晃荡，未发育成熟的大脑会与较硬的颅骨相撞，会造成脑小血管破裂，尤其 10 个月以下的小宝宝，更值得注意。

（2）陪睡

宝宝出生后，应尽量让他独自入睡。因为妈妈熟睡后稍不注意就可能压住宝宝，造成窒息。心理学家指出，长期陪睡，宝宝还易出现"恋母"心理，到上幼儿园或上小学时，容易出现分离焦虑，甚至患上"学校恐惧症"或"考试紧张症"，对身心发展不利。

（3）搂睡

父母搂睡的做法有四大危害：

①使宝宝难以呼吸到新鲜空气。

②易使宝宝养成醒来就吃奶的不良习惯，从而影响食欲与消化功能。

③限制了宝宝在睡眠时的自由活动，难以舒展身体，影响正常的血液循环。

④妈妈的奶头一旦堵塞了宝宝鼻孔，易造成窒息等严重后果。

（5）开灯睡

宝宝的神经系统处于快速发育阶段，适应环境变化的调节机能差，通夜亮灯改变了人体适应的昼明夜暗的自然规律，可导致宝宝睡眠不良，使睡眠时间缩短，影响正常生长发育。

（6）裸睡

宝宝体温调节功能差，裸睡时腹部容易受凉，使肠蠕动增强，容易引发腹泻。夏季最好在宝宝胸腹部盖一层薄薄的衣被，或戴上小肚兜入睡。

19. 宝宝睡前折腾怎么办?

Q 宝宝6个月,刚出生时睡得很好,可是现在入睡非常困难。抱着吃奶时睡着了,可刚放到床上就会醒,抱起来再睡,放下又醒,这样折腾好几回才能入睡。请问该怎么办?

A 如果把宝宝的身体健康以及偶然的噪音、冷热等因素排除在外,那么入睡难的原因主要是睡眠习惯问题,叼奶嘴入睡、抱着摇晃入睡是宝宝常见的睡眠方式,这些方式入睡时间延续得比较长,对妈妈的依赖也很强,需要逐渐培养宝宝新的睡眠习惯。

睡前对宝宝进行抚摸并伴随语言交流是比较好的方式。把宝宝放在小床上,一只手轻轻地拍宝宝的肩膀,另一只手揉捏宝宝的小手、小脚或者小腿,两只手的动作最好是有节奏的,而且节奏一致,这样有利于宝宝情绪安定、感觉舒服;同时妈妈有节奏地唱歌、哼儿歌,有利于催眠。有的妈妈可能用音乐代替自己哼曲,其实对于小宝宝来说,妈妈的声音是最有安抚效果的。如果妈妈不擅长哼曲,可以用语言交流代替。

妈妈一边拍宝宝,一边用平缓的声音与家人说话,说说生活上、工作上或者社会上的事情,这样既有利于成人之间的沟通,也能帮助宝宝入睡。

宝宝入睡的环境并不需要非常安静,当然也不能吵闹,柔和的声音具有催眠作用。

20. 宝宝害怕上床睡觉怎么办?

Q 宝宝 11 个月，生活一直有规律，可近一个月都要到一两点睡。其实她很困了，但硬撑着不睡，有时在怀里睡了，一抱上床就醒，要求出去，害怕上床，我们该怎么办?

A 11 个月的宝宝开始进一步懂得周围人与人之间的关系，不但能分清家里人和家外人，还能分清家外人中的熟人与生人，这就意味着宝宝的人际交往对象选择性变强了，她更喜欢与家人里和熟人玩耍。

但是现在的家庭结构和生活节奏不但影响成人的生活，对宝宝也产生很大的影响。以前她跟谁玩都行，到晚上玩累了就睡觉；可是她现在明白了跟父母玩更有创意和新鲜感，而父母只有在晚上才能回家跟自己玩，为了享受晚间亲子时光，于是宝宝累了困了还坚持着，反正第二天有充足的时间补充体力，这样就形成了白天睡觉晚上玩的"恶性循环"。这里特别提醒妈妈需要想办法调整。

有研究发现，宝宝晚间睡觉会自行制造一种名为褪黑素的物质，它与预防癌症有关，这种激素分泌最多的时期在 1～5 岁，而睡眠太晚将降低分泌这种激素的正常功能。因此建议妈妈早点回家跟宝宝团聚，保证她能早点睡觉；如果您加班回家晚了，不要见了宝宝亲热地玩了又玩，而是应该忍着母爱，尽快安抚宝宝睡觉，维护宝宝健康的睡眠习惯。

21. 怎样让宝宝吃饱再睡觉?

Q 我没有母乳,宝宝一直吃奶粉,她经常吃完奶大约睡一个小时就会醒,然后又吃奶,不像有的小宝宝饱吃一顿就睡一长觉,再吃一顿,她是不是没有吃饱就睡了?怎样让她吃饱再睡觉呢?是不是不吃母乳的宝宝才会这样?

A 对于宝宝来说,吃奶是个不小的力气活,每次都会吃得满头大汗,宝宝吃奶的模式会存在个体差异,有的宝宝是吃饱了再睡,有的宝宝是吃个半饱就睡了,一会儿饿醒了再吃点,这两个模式都可以,宝宝天生具有吃饭与睡觉调节的本能,妈妈不用过分担心,也并非吃奶粉的宝宝都是吃不饱、睡不稳的模式,有的宝宝母乳喂养也存在这种现象。

如果人工喂养能及时回应宝宝的进食需要、得到妈妈温暖的怀抱、享受妈妈喂奶时的抚爱,那么人工喂养与母乳喂养除了在吃奶来源上不同以外,宝宝获得的满足与关爱没有什么区别,对宝宝的身心发展也没有什么影响。

22. 如何调教"夜哭郎"?

Q 宝宝夜里总睡不实,或黑白天颠倒,或总让妈妈抱在怀里才能入睡,一放床上就醒,或睡眠无规律,尤其是到了晚上异常兴奋或哭闹不止,怎么哄都不睡觉,弄得妈妈也无法入睡。宝宝到底是怎么了?妈妈应该如何处理?

A 有些宝宝每天白天精神很好,但一到了晚上却总是哭个不停,怎么哄也不行,搞得全家人疲惫不堪,左邻右舍也不得安宁,这种情况俗称"夜哭郎",父母为此非常苦恼。其实,宝宝夜哭必有原因,父母应根据宝宝不同的哭声及其他表现来分析、寻找原因。常见的原因有饥饿、尿布潮湿、环境太热或太冷、佝偻病、蛲虫症和睡眠习惯不良等。

对于精神、饮食、大小便都正常,白天一切正常,可一到晚上睡觉时就开始哭闹不止的"夜哭郎",多半是由于妈妈没有注意让宝宝养成良好的睡眠习惯。如白天睡得太多,晚上就哭闹不睡,或睡前逗得孩子咯咯大笑、过度兴奋,或是睡前家里人多、吵闹、电视声音太高等,这些都会影响宝宝的睡眠质量,应该从小培养宝宝良好的睡眠习惯,营造一个良好的睡眠环境。

对生物钟颠倒的宝宝,即白天睡,夜晚不睡的"夜猫子",白天睡得太多时,提前把宝宝叫醒,就可以了。关键是用什么方法叫醒孩子,多数妈妈是用手轻轻抚摸胸前或者是摇晃宝宝,这样常常让宝宝越睡越香。我的办法是用实而重的按摩手法,如按摩胸腹部,或双手旋揉肢体,3~5下即可解决问题,宝宝醒后双眼明亮而有神,伸几个懒腰,就彻底醒过来,而且玩得很好,就不会晚上闹夜了。

另外,对于没吃饱,环境冷热不适的宝宝,则应仔细观察并做相应调整。对剖宫产儿(或者难产儿、早产儿等)的睡眠障碍可用推拿按摩方法进行调整。

23. 怎样能让宝宝早点睡?

Q 宝宝15个月,平时睡眠有规律,但是最近一段时间突然睡得很晚,经常玩到夜里十一二点才睡,有时玩到晚上一两点钟,家长轮流陪着宝宝玩也感觉吃不消。去医院检查身体没有什么问题,家里也没有发生什么事情,宝宝这是怎么了?

A 如果宝宝没有身体不适或者不愉快的事情发生,那么妈妈主要从创设良好的睡眠环境着手,促进宝宝按时上床、不拖延睡眠时间。睡觉之前让宝宝参与一系列的"睡前仪式",有助于培养宝宝按时睡眠的意识。妈妈可以对宝宝说:"9点了,妈妈和宝宝都该睡觉了,咱们先拉窗帘、关灯吧。"并让宝宝亲自动手参与拉窗帘、关暗灯光的动作,接着是睡前洗浴活动。夏天坚持每天给宝宝洗一个热水澡,冬天坚持每天给宝宝洗脚泡脚,然后休息一会儿,让宝宝浑身的热散失一下,不要做让宝宝兴奋的游戏,如运动逗乐。每天播放宝宝喜欢听的故事,或催眠轻音乐,这比妈妈睡前给宝宝讲故事更有利于催眠,因为妈妈讲故事容易与宝宝产生互动,宝宝的问题和渴望听故事的要求会一个接一个,而兴奋得很长时间难以入睡。

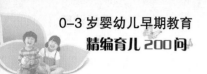
24. 宝宝总是说梦话怎么办?

Q 女儿2岁半了,乖巧伶俐,人见人爱,但不知什么原因,她晚上睡觉总是不安稳(已有一年多),天天晚上说梦话,梦中惊醒后便哭。最要命的是,她晚上越睡不好,白天就越烦躁,动不动就哭。我们应该怎么办呢?

A 宝宝晚上睡不好,说梦话,醒后便哭,说明宝宝做噩梦了。缺钙、生病或者其他一些生理原因都会导致宝宝做噩梦。同时,2岁半的宝宝已经有一定的记忆力和想象力,"日有所思,夜有所梦"的心理原因导致噩梦的现象会逐渐增多。做梦是大脑低级思维的表现,相应的大脑皮层活动处于低水平的粗加工状态,把已有的记忆以错误的、离奇的、幻觉的混乱形式呈现出来。宝宝白天遇到不开心的事情,晚上有可能被大脑加工成噩梦,惊醒之后妈妈不要追问迷迷糊糊的宝宝做了什么梦,妈妈要安慰和陪伴她,帮助她再次入睡。同时,妈妈要关注宝宝白天的生活和情绪,并与幼儿园老师密切联系,了解宝宝在幼儿园的反应,观察宝宝是否看见或者听见什么吓人的事物,以后尽量避免宝宝遇到类似的情境,让她有足够的安全感。另外,睡前不要让宝宝听可怕的故事,也不要因为宝宝调皮捣蛋而吓她,再给宝宝洗个热水澡,让她的心情放松、舒畅,都有助于宝宝睡个好觉。

妈妈,带
我出去玩
儿!

25. 怎样培养宝宝独立睡觉?

Q 儿子2岁9个月了，晚上睡觉让我在他身边陪着。我想让他学会独立睡觉，但儿子洗完澡，只要看到我没上床，他就一直大呼小叫的。有什么办法让他学会一个人睡觉呢?

A 如果宝宝还不适应在幼儿园单独午睡，你就有必要训练他在家里独自睡觉，帮助他把这一成功经验迁移到幼儿园中，适应幼儿园集体生活。否则，你就没必要非得让宝宝自己睡。原因是这样的，宝宝上幼儿园离开妈妈一整天，他特别希望晚上能跟妈妈亲近，尤其是小宝宝对妈妈还有强烈的皮肤饥饿感，得到妈妈的摸摸、拍拍、抱抱、亲亲，他会觉得满足、温暖和安全，这些感觉将积极地促进宝宝的健康心理发育。如果你坚持想训练宝宝在家自己睡觉，就得采取循序渐进的方法，例如，一开始你坐在床边拍到他睡着再走，他适应以后，再改成开昏暗的台灯伴他入睡，然后开着门让他自己睡，最后让他完全自己睡，要根据宝宝的适应程度确定训练步伐，给宝宝一个安全的过渡期。

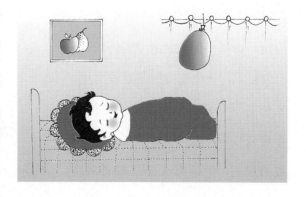

26. 宝宝看动画片不肯睡觉怎么办?

Q 我从网上下载了一部《别惹蚂蚁》的动画片,儿子每天晚上都要看一遍,每天重复看,每次大约两个小时。不管多晚想起来就要看,不让看就哭闹个没完。可是这样一味地满足他,睡觉就太晚了,我该如何是好啊!

A 教育界不主张让 3 岁以下幼儿看电视。所以,即使睡觉不太晚,也不宜让宝宝一次看两个小时的动画片,这不仅对小宝宝的视力有害,以后矫正起来非常困难,视力不好将会影响宝宝日后的学习和生活,还影响社交能力。这是一个不容商量的生活规则。至于不让他看,他就哭闹个没完,是因为他每次哭闹都迫使妈妈满足了他的要求,所以一旦妈妈拒绝他,他就拿起这个武器让妈妈就范。如果宝宝养成这样跟妈妈交流的习惯,他就会拿这一武器满足自己的所有不合理需求,那以后妈妈遇到的烦恼就更多了。

因此,妈妈要坚定地拒绝宝宝的不合理要求,让他明白哭闹也没有用。家长更不要为了自己方便,让孩子看电视或玩平板电脑。制定不看电视的规矩,无论怎么要挟都要坚决关掉电视,或停止看动画片,慢慢地就会养成好习惯。

不睡!我还没看完动画片呢

27. 怎样让宝宝快乐起床不迟到?

Q 自从佑佑上幼儿园以后，早上起床就成为一件难事，磨磨蹭蹭花很长时间，有时赶到幼儿园的时候，很多小朋友已经吃完饭了，而且我上班也迟到了。怎样帮助孩子每天快快乐乐起床、上班上学都不迟到呢?

A 起床需要从深睡进入浅睡，再进入觉醒三个阶段，幼儿的睡眠比成人深，因此，从深睡到觉醒的过渡时间也比大人长，所以妈妈要给宝宝一定的缓冲，帮助她的大脑从沉睡中醒来。例如可以为宝宝播放固定的叫早音乐，并提前15分钟播放，每隔5分钟加大一点音量，同时打开窗帘或开一盏小灯，一边附耳轻声地叫宝宝的名字，久而久之，孩子会对这个音乐产生起床的习惯性反应。妈妈还可以边轻轻地叫宝宝，边旋转按揉他的双下肢，孩子就会很快苏醒过来。多数宝宝都有痒痒肉，例如手心、脚心或者腋窝，这是孩子敏感、容易兴奋的部位，妈妈轻轻地挠宝宝的痒痒肉，也有助于宝宝觉醒。更重要的是要及早培养早睡早起的习惯，习惯决定行为。宝宝的睡眠时间得到满足，才能轻松起床，所以，妈妈不要让宝宝晚上玩得时间过久。

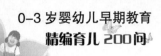

28. 哪些宝宝不宜打预防针？

Q 宝宝出生就有先天性心脏病，不知道能不能打预防针，打了怕会加重病情，不打又担心患上传染病怎么办？到底哪些孩子不宜打预防针呢？

A 预防接种虽然能增强人体的免疫力，有效地预防传染病的发生，但预防接种用的是生物制品，是微生物或用微生物的代谢产物制成的，这些物质，对人体来说是异种蛋白质。由于个体差异，人体对这些生物制品的反应也不相同。有的个体，在接种疫苗后，可引起某些组织或器官发生不良反应。因此，为了防止由于个体差异的原因而导致的异常反应，对预防接种规定了一些禁忌症。

婴幼儿有以下情况时，均不宜或暂时不宜预防接种：

（1）对于过敏体质的小儿，如患荨麻疹、支气管哮喘，有严重的药物过敏史等，接种疫苗后，有可能发生严重过敏反应。

（2）对有免疫缺陷的孩子，如先天性免疫缺陷病，接种疫苗会导致严重后果。

（3）当孩子与某种传染病的患儿有过密切接触时，正处于该传染病的潜伏期内，暂不接种疫苗，待潜伏期过后，可以进行补种疫苗。

（4）对于患有各种急性病的孩子，如流行性感冒、急性肠炎、小儿肠炎等，接种疫苗可能使原来的疾病加重，还可能使疫苗反应加重，故应暂时停止接种，待孩子病愈后，再进行补种。预防接种必须在孩子身体好的时候进行。

（5）对患有结核病、心脏病、肾病等慢性疾病的孩子，在没有完全康复前，也暂时不进行预防接种；遇有低热或者高热者，应先查明原因，积极治疗，烧退后再补种。

（6）正在接受免疫抑制剂（如激素）治疗，或需要放射治疗的孩子不能接种疫苗，因为这时孩子的免疫功能差。

　　有些孩子不宜接种某种疫苗，如当孩子患有湿疹、化脓性皮肤病和丙种球蛋白缺乏症时，不能接种牛痘，否则可以引起湿疹痘和全身性牛痘；有癫痫史、抽风史者，不能接种百日咳疫苗、流脑疫苗和乙脑疫苗，因为这类疫苗可能引起抽风，易使旧病复发；与结核病人有过密切接触或结核菌素试验强阳性的孩子，不可以接种卡介苗；对青霉素过敏的孩子，不能接种乙脑疫苗等。以上仅是贴心提示，如有疑问应向儿童保健部门咨询。

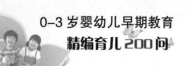

29."马牙"和"螳螂嘴"要治疗吗?

Q 宝宝现在1个多月,牙龈上的有些黄白色泡泡,总喜欢咬奶嘴,老人们说是长了马牙,挑了就没事了,是这样的吗?为什么宝宝的牙龈上有白泡泡呢?

A 大多数婴儿在出生后4～6周,口腔上腭中线两侧和齿龈边缘黏膜上会出现一些黄白色的米粒或绿豆大小的白色突起物,很像刚萌生的牙齿,这就是人们常说的"马牙",医学上认为是"上皮细胞珠"。这是由于上皮细胞堆积或黏液潴留肿胀而引起的,属于正常现象。

"马牙"的存在对婴儿来说没有什么痛苦,不会影响婴儿吃奶,更不会影响将来乳牙的萌出,不需要任何处理,几个星期后就会自行消失。有些人不知道"马牙"的来历,以为是一种疾病而采用了一些错误的处理办法,例如用针去挑马牙,或用粗布去擦,这些做法都是很危险的,会使宝宝口腔黏膜发生细菌感染,而影响了正常的喂养。因为婴儿口腔黏膜非常薄嫩,黏膜下血管丰富,而宝宝自身的抵抗力很弱,针挑和布擦极易损伤口腔黏膜,形成黏膜溃疡,导致细菌感染,发生口腔炎,甚至发生败血症,危及婴儿生命,其后果是非常严重的。

"螳螂嘴"即新生儿口腔两侧颊黏膜部各有一个较厚的脂肪垫的隆起,因个体差异,有的新生儿更为明显,俗称"螳螂嘴"。每个新生儿都有,只是大小程度不同罢了。它属于生理现象,是口腔黏膜下的脂肪组织,可以使口腔内的负压增大,有利于婴儿吸吮。无需特殊处理。随着吸吮期的结束,就会慢慢消退。有人认为"螳螂嘴"会妨碍宝宝吃奶,总认为宝宝吃奶时哭是"螳螂嘴"的原因。这种说法是没有科学依据的,也不需要采取治疗方法。

30. 如何让宝宝心灵手巧?

Q 宝宝3个多月了,我给他一个小红球的时候,他不知道伸手够,只会挥动双臂,好像挺笨的,应该怎样训练宝宝手的能力呢?

A 手的操作是认知发展的催化剂,经常动手操作,才能心灵手巧。反过来,不能说孩子不会够取眼前的东西,脑子就笨。

3个月的宝宝看到眼前的目标物,如新颖的玩具等,宝宝会挥动双臂,并有伸向目标物的趋势,但不够准确。4个月,精细动作进一步发展。5个月时就会准确抱住滚过来的大球。宝宝9个月时,手的精细动作产生了质的飞跃,可以用拇—食指对捏,五指分工、灵巧配合,并能够根据物体的外形特征较为灵活地运用自己的双手。这个阶段的宝宝做和想是联系在一起的,是在做中想,边想边做。因此,婴儿动作的发展,特别是手部动作的发展是宝宝认知发展的重要指标。1岁宝宝手的能力已由满把抓物飞跃到能抠、捏、穿、敲、扔、捡、推和拉等,手在大脑皮层占的面积很大,多动手,就会大大促进脑发育。很多家长,尤其是有洁癖的家长,总担心孩子胡乱抓不卫生,生怕孩子因吃了不卫生的东西生病,所以,为了不让宝宝动手抓东西,就把玩具收起来,整天把宝宝抱在怀里,不让下地,以此来制止宝宝胡乱抓东西,从而防止宝宝吃脏东西。殊不知,这是人为地阻挠宝宝智慧和才能的增长。

31. 如何引导宝宝翻滚和俯卧旋转呢?

Q 听专家说, 趴着够东西能锻炼手和眼睛的灵巧, 可是我家的宝宝7个多月了, 还不会翻滚, 趴着时不会抽出手来够眼前的玩具, 应该如何训练呢?

A 引导宝宝翻身打滚, 俯卧位够取眼前玩具的动作, 看起来很简单, 对没有体验过的宝宝来说是比较困难的。 而翻身打滚, 俯卧够物动作, 不仅对促进双侧大脑协调发展, 动作灵活性, 手—眼—脑协调, 颈部、背腰部、四肢关节肌肉活动的协调是必不可少的, 也是大脑与全身动作协调的关键, 同时也是心理行为健康发展不可缺少的必修课。

训练的方法: 引导宝宝从仰卧位翻成俯卧位, 而不是用成人的双手摆成俯卧位。可以用一件有声有色的玩具吸引他的注意力, 引导宝宝从仰卧变成侧卧; 再用手指刺激其腰部, 宝宝立即自动翻转成俯卧位; 这时, 用画片引导宝宝向四面八方追视, 再将画片放床上, 刺激宝宝伸手去够; 伸手够取熟练后, 缓慢移动画片, 引导宝宝向左、右侧够取画片, 大约经过 1 ~ 2 周的训练, 宝宝就会翻滚, 并会旋转身体够取身体两侧的玩具了。

对于胖宝宝或者平时活动不足的宝宝, 练习这个动作比较费劲, 可以稍加帮助。玩时要注意安全, 最好在干净的塑料地垫上进行。

32. 为什么不能让宝宝在学步车里长时间逗留?

Q 宝宝快 10 个月了，爬得非常快，到处乱爬，我担心惹祸，就把宝宝放在学步车里，朋友又说会"统合失调"。学步车和统合失调有什么关系呢?

A 许多家长经常同我谈起不能没有"学步车"，认为它是繁忙妈妈和隔代老人的好帮手。理由是：宝宝在学步车内，可以朝着自己想去的各个方向前进，也可以在车内单独同安装在车上的玩具一起玩，不至于到处爬引发安全事故。妈妈可以洗衣服、做饭、看书、看电视、打扫卫生，都不耽误，对于学业、晋升等压力也都有时间去应对。所以，"学步车"既是孩子的玩伴又是安全寄存处，可谓"好帮手"！其实，长时间待在学步车里，宝宝会失去充分爬行、攀登等的机会，美国南加州大学艾尔斯博士研究发现，长期逗留在学步车里是日后儿童感觉统合失调的重要因素之一。

首先，学步车把婴儿固定其内，使婴幼儿失去学习各种动作的机会。如果婴儿正处在学爬期，宝宝就会失去充分爬行的机会；如果婴儿处在学站、练走阶段，宝宝站起、蹲下、蹒跚迈步就会受到限制，动作协调性就会受到影响，将来走路也容易摔跤。不利于动作协调性和感觉统合的全面发展。

其次，婴儿缺乏同自身周围的各种事物接触的机会，他只会自己一会儿向左猛冲，一会儿向右猛冲；父母忙于自己的事务，保姆忙于干家务或专注于看电视，与孩子语言交流少，宝宝动作能力与协调性差，也会影响儿童期后的学习能力，如阅读、拼写、图形推理、语言表述等。

第三，容易发生意外事故。因无人随时守候在婴儿身边，婴儿在学步车内横冲直撞，可能碰到门、石头、地毯而使车翻倒，或墙边、桌角碰着孩子的头，致婴儿受伤。

因此，父母应想到学步车并不是可以完全信任的保姆。尽管孩子在学步车内，给你节省了不少时间，但绝对不能把学步车当作安全的"港湾"，它对孩子动作协调性发展带来的负面影响将是日后无法弥补的。

33. 宝宝流口水特别多是病吗?

Q 宝宝的口水总是很多，经常流到下巴上，把下巴都浸得红红的，这是怎么回事呢?

A 唾液俗称口水，一般成人的唾液腺一昼夜可分泌唾液1000毫升～1500毫升。唾液含淀粉酶，可以湿润和消化食物，具有杀菌的功能。成人的神经反射和吞咽功能比较完善，所以，虽然唾液分泌量很大，但不会流口水。新生儿的唾液分泌量很少，随着年龄增长逐渐增多，至出生后4个月时，每天分泌量为200毫升左右，5～6个月时，由于乳牙的萌出，对牙龈神经的机械刺激，以及半固体、固体食物的添加，唾液的分泌量明显增加。与此同时，小儿的吞咽功能尚未发育完善，来不及吞咽分泌的唾液，口腔又比较浅，因此唾液常常流出来，这属于正常现象。随着牙齿出齐、"螳螂嘴"（口腔脂肪垫）的消失、口腔深度的增加、吞咽功能逐渐完善，宝宝流口水的现象会逐渐消失。

如果宝宝口水特别多，把下巴都浸得红红的，要及时护理：

（1）由于唾液偏酸性且含有一些消化酶和其他物质，对皮肤有一定的腐蚀和刺激性，因此应该用小毛巾蘸温水给宝宝洗脸，并及时清洁沾上口水的下巴及颈部皮肤，轻轻将口水吸干即可，以免擦伤皮肤形成糜烂。

（2）清洁皮肤后，涂上对宝宝安全的油脂，如鱼肝油软膏。平时最好给宝宝戴吸水围嘴或者大口罩，多准备几个，勤换洗，既防皮肤糜烂，也避免弄脏衣服。

（3）用于宝宝擦口水的毛巾要质地柔软，以棉布质地为宜，要经常烫洗、晾干。

（4）有些流口水多属于病态，如患口腔炎、口腔疱疹、口腔溃疡等，若宝宝口水流得特别多，要去医院进行检查。

（5）给宝宝吃些磨牙饼干，帮助宝宝牙齿生长，以减少唾液分泌。

对于严重流口水的宝宝，可食用中药调理。

方药：炒白术12克，益智仁8克，共研细末，分成12包。每日2次，每次1包，用温开水调服或加入饮食中同食。

34. 宝宝吃手吃玩具要纠正吗?

Q 宝宝8个多月了，最近发现他特别喜欢做一件事，那就是吃手，有时候甚至将满把手指都塞进嘴里，无奈的是给他玩具他也不玩，也放嘴里咬，看起来很不卫生，我该如何纠正呢?

A 这个年龄段的宝宝特别喜欢干的事情就是：津津有味地吸吮手指或者啃咬玩具。手指能干的宝宝会将食指伸入碗里，拿出里面的小玩意儿；会用手伸进盒子里抓起掉入的玩具；当家长喂孩子吃饭的时候，他会伸手抓勺子，抓饭；喜欢把手浸在饭碗里，然后将手放入口中，起劲地吸吮；"无所事事"的时候更喜欢把手放在嘴里，津津有味地吸吮。家长总是盯着吃手的宝宝，担心不卫生，不停地加以阻挠，其实吃手是孩子心理发展的必然阶段，是自我满足的一种办法，只要保证孩子的手洗干净，就放心让宝宝啃吧，不要横加干涉。

婴儿不仅吃手，还经常抓起自己的玩具往嘴里放。5～8个月的婴儿正值口腔探索期，他抓不到物品就吃手，当他抓到物品后，除了看一看、捅一捅和敲一敲外，就是把物品放入口中，通过吮一吮、舔一舔、咬一咬等方式，来认识客观事物。这也是婴儿很重要的探索方式，在探索的同时，婴儿还能获得无比的欣慰和满足。此时，父母应该注意以下几点：①婴儿的玩具应当能清洗，并经常清洗，保持干净，以免因不卫生而引起胃肠道疾病；②有毒的玩具(如上漆的积木)或危险的玩具(有尖锐角或锐利边的玩具，如汽车)均不要给孩子玩；③为婴儿买磨牙饼干，牙胶，指拨玩具(如指拨的转盘，玩具钢琴等)，供孩子玩耍，孩子的手是需要不停地操作的；④为婴儿买软、硬度不同的玩具，让宝宝通过抓、握、拍、捏各种玩具，体会不同质地物品的手感，让他的探索活动顺利开展。

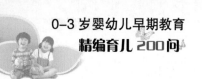
35. 宝宝不会爬怎么办？

Q 宝宝已经 10 个月了，还是不会爬行，只是偶尔朝后退，听说会爬的宝宝走路才走得稳当。请问有什么好的方法训练宝宝吗？

A 先坐再爬最后学会走路，是宝宝的本能程序和自然成长规律，妈妈不要人为省略其中任何一个环节，因为宝宝的成长过程并不是为了行走这个惟一目的，坐和爬分别锻炼了宝宝不同骨骼与肌肉的发育以及每一种体位的平衡性，并积极地促进大脑相应部位的发育。10 个月正处于由爬到走的过渡期，有的妈妈相信商家对学步车的片面宣传，以为把宝宝放在学步车里既省力又省时，宝宝会更快地学会走路，其实不然，爬行有它独特的功能，所以妈妈要培养宝宝爬行的兴趣和能力。妈妈可以故意把宝宝放成趴在床上的姿势，然后在他的眼前、距离手比较近的地方放一个新奇的玩具，迫使他做出爬行的动作才够得着，如果他够着了，妈妈再把玩具放得稍微远一点，为他创造努力爬行的空间，这样每天训练几次，每次训练几分钟，宝宝渐渐就对爬行感兴趣了，也能逐渐爬行了。

宝宝真棒！

36. 宝宝不愿意爬怎么办?

Q 宝宝 10 个半月了,现在已经可以扶物走动了且乐此不疲。怎么也不愿意爬,到现在一让他爬他就哭,或者趴在那里不动。书上说爬行的好处很多,孩子爬行不够,容易得感觉统合失调症,我们很着急,应该怎样训练?是否爬行真的那么重要,是否可以越过爬行这一阶段?

A 爬行非常重要,不可以越过爬行这一阶段,否则将对宝宝造成消极影响。爬行的自然结果是帮助宝宝学会行走,但是爬行的意义不仅如此。爬行不但锻炼胸腰腹背与四肢的肌肉,促进骨骼生长,还刺激大脑发育,加强大脑与眼、手或脚的协调发展能力。对比观察发现,与爬得晚或爬得少的宝宝相比,会爬的宝宝动作更加灵敏、协调、有活力。但并不是所有的宝宝都对爬行兴趣盎然,例如比较胖或者穿衣比较厚重的宝宝不喜欢爬行,那么妈妈就要想一些办法培养宝宝的兴趣。首先,要给宝宝穿轻便的衣服,其次,当他俯卧、侧卧或者坐着的时候,在他旁边放上有响声或者会活动的玩具,引起他的注意,激发他们转动身体爬过去,当他稍稍爬行时,可把玩具略微向前移动,每天练习直到他学会爬行为止。如果宝宝经过努力仍然爬不到玩具跟前,妈妈可把自己的手掌放到宝宝脚后,使他能蹬着向前爬行。如果宝宝成功爬行,妈妈要给予热烈的掌声。

37. 宝宝多大才能真正喊妈妈?

Q 宝宝 8 个月零 13 天了，现在天天都喊几十次妈妈，但还不是有意识地喊，他都是在要我抱他，要喝奶，要我和他玩或看不到我在他身边的时候一直喊"a-ma-ma"。也会无意识地喊爸爸。我想知道，还要等多久，宝宝才能真正喊妈妈啊?

A 你的问题很有趣，也有些自相矛盾。你认为宝宝现在"还不是有意识地喊妈妈"，但是宝宝在要你抱他，要喝奶，要你和他玩以及看不到你在他身边的时候一直喊妈妈，这恰恰说明宝宝是有意识地喊妈妈，因为他喊妈妈有明确的目的——向你索取食物、游戏或陪伴。我想你的问题大概是这样的：宝宝什么时候才能把"妈妈"这个喊声与眼前这个真实的"妈妈"联系起来，使"妈妈"不仅具有语音意义，更具有称呼所指。一般情况下，1～3 个月的宝宝发音是本能行为，可以发出一张口气流就冲出来的音，如 a,e,ai,ei,ou,nei 等。4～8 个月的宝宝会发出连续音节，如"ma-ma"、"ba-ba"等，这些自动发出的音节起初并没有称呼和社会符号意义，只是大人听见了特别高兴，给予宝宝积极的反馈，久而久之，这些生物音节变得有社会意义了，宝宝就把"ma-ma"、"ba-ba"分别与"妈妈"、"爸爸"对应起来了。

38. 与宝宝说儿语好吗?

Q 我看书上说,不要跟宝宝说那种特别简单的儿语,不利于孩子学说话,可婆婆总是跟宝宝说儿语,她说小孩子都是这么长大的,后来不都会说话了吗?到底应不应该跟宝宝说儿语?

A 儿语是专门与不会说话的婴儿交流的语言,它具有简单、重复、夸张、缓慢的特点,例如"喝水水"、"看灯灯",它有利于吸引宝宝的注意力,表达成人对宝宝的疼爱之情,这对周岁以内的宝宝是有好处的。但也有人认为孩子长大以后就不再使用的儿语了,没有意义,会延误宝宝的语言发展。这两种说法让妈妈感到矛盾和困惑,到底应该怎样呢?实际上,把这两种说法结合起来就是要给宝宝提供多样的、丰富的语言环境,妈妈说"宝宝睡觉觉"拉近了宝宝与成人之间的距离,具有童趣;爸爸说"睡觉了",虽然生硬了点,但是给宝宝示范了规范的语言,所以,不要强求家人用同一种模式跟宝宝交流,让宝宝逐渐理解不同的语言方式表达了同一个意思,这对他的发展也许更有意义。不过,本文建议对学说话期(1岁)的宝宝最好不用儿语,应用简洁词语。

小宝宝,坐船船……

39. 多种方言影响宝宝语言发展吗?

Q 我们家的语言有3种,奶奶说当地话,外婆讲广东话,我说普通话,宝宝现在10个月了,还不肯说话,这样混乱的语言环境会不会影响他说话呀?

A 10个月的孩子语言发展水平属于单词句阶段,说话的积极性不高,只在有强烈需要的时候才说出相应的单词,而且具有以词代句、一词多义和单音重叠的特点。例如"mao-mao"可能代表一句话"我看见了猫",还可能指带毛的物品。1岁半以后的宝宝进入双词句阶段,说话的积极性突然高涨,语言表达能力迅速提高,出现电报式语言,例如"妈妈车"可能表示"妈妈,你看汽车来了"。你的宝宝生活在多种口音的语言环境中,这会对孩子以后的口音产生影响,但不影响他理解和运用语言,你需要做的是支持和提高宝宝说话的积极性。例如当宝宝指这要某物的东西,你不要一言不发地、迅速把东西拿过来递给宝宝,而要告诉他这是什么,经常及时与宝宝语言互动,会帮助他积累词汇量、提高理解力,为他开口说话打基础。

40. 怎样给宝宝喂药？

Q 宝宝体质不好，经常生病。每次生病吃药对于宝宝来说简直比登天还难啊，请问有什么好办法可以让宝宝吃进去药呢？

A 喂宝宝吃药是妈妈感觉最难的教养技巧之一。首先，掌握好喂药时间，一般在饭前半个小时、饭后1小时喂药比较合适，宝宝呕吐之后不宜马上再喂药，也不宜加量喂药。其次，喂药时不要捏着宝宝的鼻子硬灌，也不要吓唬和责怪宝宝，要在宝宝的情绪比较放松和平静的时候先小口喂药，再多喝几口水。还可以把药研成粉末，用糖水调成稀糊状慢慢喂下，但不要用牛奶或果汁喂药，这样会影响药效。再次，喂药还要避开嘴巴的敏感部位，苦味味蕾集中在舌根，酸味和咸味味蕾集中在舌两侧，甜味味蕾则集中在舌尖。

1岁多的宝宝已经开始懂事了，能听懂吃药对身体好的道理，还喜欢"勇敢"做"大哥哥"或"大姐姐"，妈妈可以从这个角度鼓励宝宝：邻居家小哥哥特勇敢，喝药时自己端着药水"咕咚咕咚"就喝完了。爸爸小时候比小哥哥更勇敢！……打比方是最有效的。

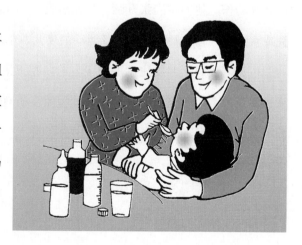

41. 宝宝发音不准怎么办?

Q 我家宝宝现刚满 1 岁半,有的字发音不是很标准,如他把"花"读成"发",把"鱼"读成"无",给他纠正了还是改不了,这种情况下该怎么办?

A 发音标准需要相关的发音器官成熟才能达到,另外,也与宝宝生活所在的方言有很大关系,中国的普通话是以北方语系为基础,那么生活在南方的宝宝容易习得南方方言,对学习标准的普通话有一定影响。因此,1 岁半的宝宝发音不准属于正常情况。

但是,1 岁半以后是宝宝一生中学习新词最快的阶段,妈妈想办法促进宝宝学习准确的发音,会收到事半功倍的效果。英国对 120 名 2 岁以下的婴幼儿进行了一项研究,发现宝宝嘴巴运动能力与学习语言速度密切相关,有的宝宝无法做出正确的亲吻动作,他们刚刚张开嘴,口水就会流出来,有些宝宝则不太会舔嘴唇。而能完成吹泡泡、舔嘴唇等复杂嘴部运动的婴儿,学习语言速度更快,发音也更清晰。

可见,妈妈不但要注意保护宝宝的口腔卫生,还要增强他的口腔运动。如果宝宝生活在方言比较突出的环境,就让宝宝多听普通话说唱的儿歌、童谣、故事、歌曲等,这将对宝宝的正确发音产生积极影响。

42. 说话和牙的多少有没有关系?

Q 17个月的宝宝一般情况下应该长出12颗牙齿了，我的女儿才出8颗牙，还不太会说话，是不是因为牙齿长得少? 说话和牙的多少有没有关系?

A 牙齿通常是一对一对长出，大部分宝宝是从6个月开始长牙，一般到3岁时20颗乳牙全部出齐，但宝宝出牙的时间表并不完全一致，即使是同一月龄的宝宝，出牙时间的个体差异最大从6个月到10个月不等，与宝宝的骨骼生长快慢有关，因此妈妈不要对宝宝出牙晚过分着急。出牙早晚与说话早晚没有直接关系。

如果排除宝宝营养不良、体弱多病或者听力不好等生理因素，家庭语言环境对宝宝说话早晚的直接影响较大。

例如家里人说话时不要抢话，每个人轮流说话，说清楚，语速慢一点，有利于宝宝倾听和理解语音信息。

与宝宝互动的时候，像吃饭、喝水、喝奶、要玩具、大小便、睡觉等生活环节，要主动给宝宝示范说话或者鼓励宝宝说话，不要一声不吭地直接满足宝宝的需求，或者不等宝宝把话说完就替他说话。例如宝宝用眼神或手势打量玩具，妈妈即使明白宝宝的用意，也要与宝宝交流，如问："宝宝是要小汽车吗？"宝宝说："小汽车。"宝宝说不清楚也没有关系，关键是多给宝宝学习和锻炼说话的机会。

43. 宝宝说话晚有问题吗?

Q 我家宝宝已经 1 岁零 9 个月了，还是只能说"爷爷、妈妈、爸爸、阿姨"等一些简单的语言和 10 以内的数字，宝宝会不会有什么问题? 会影响他以后讲话吗? 是不是有些孩子开口比较晚?

A 宝宝的语言发展是一个循序渐进的过程，大致的顺序是这样的: 1 ～ 1.5 岁的宝宝处于单词句阶段，说话的积极性还不高，只在高兴或有所求助的时候，才主动说话，具有以词代句、一词多义和单音重叠的特点。

1.5 ～ 2 岁的宝宝处于双词句阶段，说话的积极性突然高涨起来，语言表达能力迅速提高。

2 ～ 3 岁的宝宝处于完整句阶段，是口语发展最为迅速的时期。3 岁能掌握 1000 个左右的词，能说完整的简单句，并出现一些不太复杂的复合句。

4 岁宝宝的语言发展已走出简单句阶段，但是还不能完全理解结构复杂的句子，例如被动句"小梅被小强打哭了"，他会理解为"小强哭了，小梅打小强"。

可见，你的宝宝处于双词句阶段，他的语言发展属于正常情况，不必焦虑，请继续为宝宝提供丰富的语言刺激和良好的语言环境。

44. 宝宝为什么说话那么晚?

Q 女儿 22 个月大了。我们问什么她都心里有数，可就是不开口说话，只会用手指。有时候，她的手势也表达不清楚，我们横竖猜不着，她就急得像热锅上的蚂蚁，又哭又叫。宝宝为什么"金口难开"呢?

A 宝宝学习语言的规律是先学会理解再学会表达，所以问什么她都心里有数，会用手指给大人看。

一般情况下，22 个月的宝宝可以学说双词句，但还不会说完整句，例如她想拿桌子上的玩具却够不着，妈妈可以为她示范一个简单的完整句:"妈妈拿车。"宝宝可以学说两个关键词:"妈妈，车。"

妈妈坚持用简洁的语言表达宝宝的需求很重要，宝宝虽然不说，但她在听，在积累词汇;如果妈妈不言不语把玩具直接递给宝宝，缺少语言刺激这一环节，不利于宝宝学说话。

至于有时宝宝有什么要求自己说不出来，手势也表达不清楚，妈妈要根据宝宝的心理特点和平时爱好去猜。

22 个月的宝宝心理需求并不复杂，以占有物品和操作物品为主，一般是想要某样东西，或者让妈妈用某个动作去操作它，妈妈需要多次尝试，其中某个尝试如宝宝所愿了，她的情绪就稳定了。

45. 2岁宝宝还不会说话，怎么办？

Q 2岁的宝宝还不会说话，教了也不爱学，怎么办？

A 有的宝宝十四五个月，甚至2岁，还不会说话，妈妈很着急。特别是看到别人家同年龄的，或更小的孩子都会说话，妈妈更是心慌。判断儿童会不会说话，耳朵功能是一个重要的鉴别。如果大人叫他的名字，他立刻走过来；说他爸爸回来了，他往门口看，或者是走到门口去迎接。这说明他听力没问题，不会是哑巴，只是说话迟了。如果大人发现宝宝没听见你的话，最好能带他去医院让耳科医生详细检查，看看儿童听力有没有问题。

如果是宝宝说话迟了，原因可能是多方面的，也许妈妈平时不爱和宝宝讲话，或者有的孩子是老人或者保姆带，与他交流得少，宝宝没有学习说话的机会，家里又没有其他儿童和他一起玩，一个人默不作声成了习惯。由于大人不爱讲话，宝宝处在说话少的环境，自然也不爱说话。此外，父母小时候说话晚，也是有的孩子说话迟的原因之一。

当你了解宝宝说话迟的原因之后，请鼓励他多说话。此外，你还得相信宝宝说话迟并不代表他比别的儿童差。王阳明及美国的林肯就是很好的例子。只要平时多与孩子交流，多跟他说，不要用儿语，而是用正常的语言，丰富他的词汇，让他多听、多看，到了该说话的时候，他自然就会说了。

46. 宝宝想撒尿时不会叫怎么办?

Q 女儿 22 个月了,可是她仍然想撒尿时不会叫,每次都是流了才叫,真头疼,该怎么办?

A 先叫尿、再撒尿是成熟的排尿意识,但孩子都是先会撒尿,再会叫尿。因为叫尿意味着孩子提前感知到了撒尿的需要,并控制自己到厕所之后再撒尿,而这种排尿意识需要大脑神经系统发育到一定阶段才能出现。

如果孩子撒尿之后才意识到自己尿了,并告知妈妈,这比起撒尿之后还不知道叫尿已经进步很多。所以妈妈要理解孩子的发育水平,不要斥责孩子叫尿晚了,反而要鼓励和引导孩子:“妈妈知道宝宝尿了,下次早点告诉妈妈,这样就不会尿湿裤子了,好吗?”另外,宝宝长期使用尿布比长期使用尿不湿更有利于排尿意识的成熟。尿不湿降低了肌肤对尿湿感觉的刺激,不利于大脑神经中枢根据感受器所传来的信息产生排尿意识。

因此,12 个月以后的宝宝应该减少使用尿不湿,妈妈主动观察宝宝排尿的时间规律,定时提醒宝宝在固定的地点撒尿。妈妈把尿的动作和声音相对固定,也有利于宝宝培养排尿意识。

47. 怎样培养宝宝的数概念?

Q 我家彬彬 24 个月,现在对于 0 ～ 9 的数字还搞不清楚,问他有几个球,他总说 2(因为他 2 岁),邻家孩子比我们小 3 个月,却能准确地说出球的数量。平时我也没少教彬彬,他怎么就记不住呢? 是不是比较笨呀?

A 宝宝的数学学习内容和水平分为多个方面,例如认读数字和顺口唱数都是对数字的认识,但还不明白数字的数学含义,他们还要接着学习点数,才是真正理解了数学现象。

1 岁宝宝可以用手指表达自己对"1 个"(举起食指)或"2 个"(举起食指和中指)的理解,在两个物品中还可以挑出较大的那一个,会跟着大人顺口溜出"3"或"1、2、3",喜欢并能认出圆形等。

2 岁以后的宝宝会借助语言表达自己对数学的认识了,他们会唱数 10 到 40、点数 5 到 10,还能认读 1 到 10 这几个阿拉伯数字。能实质性地理解 3 以内的数学含义:知道 3 以内的多、少和一样多,能在物品中正确拿出 3 个,能记住父母交代的 3 件事,至少认识 3 种几何图形,按次序套碗则能套 5 到 9 个等。

可见,数学学习并不是"记不住"的问题,而是结合生活实际丰富宝宝的数学感知,让他渐渐明白上楼需要几步,吃饭需要几个碗等生活现象,妈妈不要着急,宝宝慢慢就理解了。

48. 怎样培养宝宝的方向感?

Q 宝宝快上幼儿园了,对于方向很不清楚,前后左右,时常弄错,该怎么训练宝宝的方位感?

A 刚上幼儿园的两三岁宝宝,一般能分清上下;三四岁的宝宝能分清前后;有的四五岁的宝宝能分清左右,有的宝宝则到五六岁才能分清左右。因此,妈妈不要超越宝宝的年龄发展水平,对孩子的空间方位感提过高的要求。宝宝的方位感需要通过活动和运动获得,例如宝宝的玩具掉在地上,妈妈不要为他捡起来,而是用语言和手势指导他:"宝宝是在找玩具吗? 它在上(下、前、后、左、右)面,看见没有? 自己捡起来吧。" 妈妈还要带宝宝多多运动,宝宝需要在运动中体验自己的身体在空间的位移来理解方位感。

49. 怎样能让宝宝长高一些呢?

Q 我们夫妻俩的身材不矮,但是儿子却比别的孩子矮了许多,可急死我们了。到底是怎么回事呢? 又如何补救呢?

A 父母们都希望自己的孩子能够长得高大健美,尤其是自身较矮的父母更希望孩子的身高超过自己。孩子的正常生长发育受多种因素的影响,如遗传因素、生活条件、体育锻炼以及各种疾病等等。

孩子从小到大,身高的增长速度是不均衡的,突出表现为两个高峰期,第一个高峰期是一岁以内,一年就可长高 25 厘米。第二个高峰是青春期,女孩子发育早,一般 12 ~ 13 岁进入青春期,男孩子比女孩子晚两年,14 ~ 15 岁进入青春期,所以初中女生普遍比男生个子高。家长明白了这个道理,就要重视这两个高峰期的营养、体育锻炼、睡眠安排。

①科学营养。食物的摄入,不仅要与日常生活的消耗保持平衡,还要满足生长发育的需求,所以,对生长发育速度较快的婴幼儿,必须保证充足的营养。其中蛋白质是身体的必需营养素,蛋类、肉类、鱼类、乳类制品的蛋白质含量较高而且质优,每天应有选择地保证供给。此外,钙的补充也非常重要,因为钙是组成骨骼的主要成分,是孩子生长发育过程中不可缺少的矿物质。另外婴幼儿时期在补钙时要注意添加鱼肝油,以促进钙的吸收。当然,也不能过量。

②保证睡眠。充足的睡眠对人体长高很有帮助,因为,充足的睡眠能保证生长激素和免疫抗体的分泌。生长激素一般在入睡后两小时分泌最高,第三个小时分泌减少。在睡眠的其他时间,还会出现第二个高峰,而醒着的时候生长激素分泌得极

少，所以要想孩子长高一定要保证充足的睡眠。

③加强体育锻炼。生命在于运动，孩子的身高发育与运动有密切关系。适当的运动可以加速全身的血液循环，促进新陈代谢，使骨软骨得到充足的营养而生长旺盛，从而使骨骼的生长加快，个子自然就会长高了，比如跑步、打球、单杠悬垂、游泳等，尽量少做负重运动。

此外，生活习惯、地理、气候、情绪、卫生条件等对身高也有不同程度的影响，所以养成良好的生活习惯，营造和睦的家庭气氛，注意个人及环境卫生，对长高身体也有一定的帮助。

50. 怎样用肉眼判断孩子的营养状况？

Q 孩子缺什么营养，一般靠化验才知道，那么有没有简单的办法来判断呢？

A 随着生活水平的提高，小儿营养缺乏症已大大减少。但喂养不当或膳食搭配不合理，造成的营养素的不足仍不少见。凭肉眼判断小儿的营养状况，即简单又不需要太多的专业知识，一般可遵循以下顺序：

①头、面、皮肤。头发无光泽、稀疏色淡、易脱落——蛋白质不足；面部鼻唇沟的脂溢性皮炎，阴囊、阴唇皮炎——维生素 B_2 不足；皮肤干燥、毛囊角化——维生素 A 不足；皮肤因阳光、压力、创伤而致的对称性皮炎——烟酸不足；皮肤出血或瘀斑——维生素 C 不足；全身性皮炎——锌和必需脂肪酸不足；匙状指甲——铁不足；皮下组织水肿——蛋白质不足；皮下脂肪减少——食量、热量不足；脂肪增加——热量过多。

②眼、口、腺体。结膜苍白——贫血（如铁缺乏）；结膜干燥斑、角膜干燥及软化——维生素 A 不足；睑角炎——维生素 B_2、B_6 不足；口角炎、口角斑痕——维生素 B_2、铁不足；唇干裂——复合维生素 B 不足；舌炎——烟酸、叶酸、维生素 B_2 和 B_{12} 不足；龋齿——氟不足；牙龈海绵状出血——维生素 C 不足；甲状腺肿大——碘不足。

③肌肉、骨骼。肌肉量减少——热能及蛋白质不足；颅骨软化，方颅，手脚镯症，前卤闭合晚，软骨、肋骨串珠，X 形腿，O 形腿——维生素 D 不足；骨触痛——维生素 C 不足。

上述肉眼观察的临床表现，列出了可能导致营养缺乏的原因，这仅仅是提醒，其他疾病也会有相同体征。发现以上这些异常表现，提示家长注意膳食营养要科学全面补充，或看营养专业医生，进行针对性指导。不应该片面理解，头疼医头，脚疼医脚。

51. 如何让宝宝拥有健康的牙齿?

Q 宝宝 2 岁以后，牙齿已基本长齐，该开始学刷牙了，可是宝宝不爱刷牙，一到刷牙就要赖，道理讲了一箩筐，就是无济于事，让妈妈很头疼。如何使宝宝从小养成良好的口腔卫生习惯呢?

A 小儿从 6 个月出牙，至 2 岁半时，20 颗乳牙就出齐了。有一口健康、洁白、整齐的牙齿不仅漂亮，而且对整个身体的健康也至关重要。牙齿稀疏或有龋齿会影响咀嚼，引起小儿营养不良;而牙齿排列不整齐、缺齿、咬合不良会影响颌面部的发育，也会影响将来恒牙的萌出。

如何能使宝宝的牙齿健康呢?

①妈妈在孕期就要开始注意，保证足够的营养，保证钙质的摄入，尽量少吃或不吃药。

②母乳喂养时注意保持正确的喂奶姿势，人工喂养时注意奶瓶、奶嘴的正确位置，不要让小儿整天含着空奶头玩;合理添加辅食，给予一定量的富含纤维素的食物让小儿练习咀嚼，以促进牙齿和颌骨的发育。

③保护乳牙，少吃甜食，尤其在睡前不要吃糖。睡前如果吃奶，一定要在吃奶后再喝些水或漱漱口，以防龋齿的形成。

④预防和纠正各种口腔不良习惯，如吐舌、咬唇、吮指、偏侧咀嚼等，注意口腔卫生。孩子 2 岁时大部分乳牙已经萌出，成人可以用牙刷帮助孩子刷牙，让他逐渐习惯使用牙刷。2 岁半时要学会饭后和睡前自己漱口。3 岁时要学会使用正确方法自己刷牙，即上下刷(竖刷)，咬合面的窝沟也要刷干净，每次刷牙不要少于 3 分钟，

刷后的牙刷头要朝上放在杯子里，否则细菌易在潮湿的刷头上滋生。牙膏可以选择含氟的儿童牙膏。牙刷选用儿童保健牙刷，这种牙刷有两排毛束，每排 4 ～ 6 束，刷毛较软，刷头的长度不能大于 2 厘米。

发现乳牙有龋齿、排列不齐、缺齿等要及时去口腔科治疗，不要认为乳牙早晚要换掉而不去管它，那样会影响恒齿的萌出和颌面部的发育。

52. 如何增强宝宝的抗病能力呢?

Q 宝宝又发烧、感冒了！有什么办法增强孩子抗病能力呢? 妈妈经常因此忐忑不安, 很想知道如何增强孩子的抵抗力。

A 不少父母源源不断地向宝宝提供各种各样的高级食品；有些父母从宝宝降生那一刻起, 就担心宝宝被风吹着, 被太阳晒着, 被声响吓着, 几乎是天天关在屋里, 搂在怀中, 很少让他们接触外界；有些年轻父母, 依赖医生或药物保护孩子健康, 孩子出现一点异常就给药吃, 甚至没毛病也给吃补品……这些做法, 都属于过分保护, 只能使小儿变得像温室里的花草一般弱不禁风, 丧失抗病能力, 容易引起多种病原体侵袭。其实, 人之所以不得病, 主要是依靠身体具有的防御能力, 俗称抵抗力, 医学上称之为免疫力。过分保护的后果就是削弱了儿童自身的抗病能力, 因而在多种致病因子侵袭下常打败仗, 各种疾病便由此产生。

为了使孩子的抗病能力不断增强, 主要的措施是:

①合理的营养, 让孩子吃多种多样的食物, 不挑食、不偏食, 也不能营养过剩, 肥胖是儿童健康的大敌。

②坚持体育锻炼, 利用空气、水和阳光, 让孩子每天都能在室外活动一段时间, 游戏更不可缺少, 以增强他们的体质, 提高抗病能力, 使孩子变得更结实有力, 以促进智力的发育。

③定期按规定进行预防接种, 这是一种提高孩子对传染病免疫力的有效方法。

④尽量不用药, 不仅小病不用, 较重的病也必须在医生指导下正确应用, 绝不滥用。

53. 宝宝害怕大便怎么办?

Q 女儿以前大便一直正常，自从上次在厕所大便时被下水管排水的声音吓了以后，就害怕大便了，每次都急得团团转，最后实在不行就只好让她拉在身上，不知有什么办法可以处理?

A 1 岁左右的宝宝有特定的害怕对象，例如马桶、浴盆和浴缸的排水声音，高分贝的噪音，与父母的分离，陌生人的出现等等。一般情况下害怕情绪持续三个月左右消退，这期间需要妈妈采取一些比较体贴的处理方式，帮助宝宝度过情绪难关。如果任由宝宝害怕大便，最后总是便溺在身上，不但不卫生，宝宝不舒服，还会影响宝宝的身心健康发育，所以妈妈还是要耐心地跟宝宝讲道理，渐渐消除她的害怕心理，告诉宝宝"水流只是把大小便冲走了，宝宝还是安全的，宝宝不怕"。同时，不宜过早训练宝宝独自使用便器，因为宝宝的小腿肌肉发育和心理都还不够强大，应该 2 岁左右再逐步训练。现在宝宝在厕所大便的时候，你可以给她提供便盆，并陪伴在她身边，与她聊一些轻松愉快的事情，然后再把便盆里的排泄物倒进马桶里冲走，让宝宝看到这一过程，使她放心这是一个很平常、很安全的事情。

54. 怎样管理宝宝才适度?

Q 儿子现在 1 岁 8 个月，我看见他干什么事情基本上不去管，除非对他有危险我才会去阻止。可是最近我发现他的脾气好像很大，要是有什么事情不顺着他，就会大哭发脾气！我和我先生都很苦恼，不知道应该如何处理。

A 您和先生对宝宝的爱与自由的把握还是不错的，您没有因为危险而过分限制孩子的活动，也没有因为自由而忽略对宝宝的保护，但是最近宝宝的脾气变大了，并不是您的教育方式导致的，而是宝宝有了新的发展和变化。

因为您的宝宝已经喜欢在自由的空间自己探索，所以他养成了独立自主解决问题的态度倾向。但随着年龄的增大，宝宝探索的问题更多更复杂，他感觉独立自主解决不了问题，所以他产生了挫败感，就会大哭发脾气。

可见，过于独立自主的人容易跟自己叫真、叫劲，有时反而想不起来主动向别人求助了，旁边的人也没有及时发现他需要帮助，以为他能自己解决呢。

妈妈要善于根据宝宝的情绪和行为反应发现他遇到的困难，在适当的时候询问宝宝是否需要帮助，让宝宝体验到还有另外一种解决问题的好方法，那就是向他人寻求支持和帮助，宝宝将从中重塑自信与快乐。

55. 3 岁宝宝能看电视吗?

Q 儿子 3 岁，喜欢看电视，尤其喜欢看广告和天气预报，看电视对宝宝有没有负面影响？这么大的宝宝能不能看电视？

A 很多宝宝都有喜欢看电视广告和天气预报的倾向，这是因为这两种电视节目时间短、画面花哨动感、语言简洁响亮、音乐通俗流畅，这些特点适合宝宝的童趣和接受水平，还由于这两个节目总是重复一些广告词和解说词，反复的词汇刺激对宝宝的语言发育也有良好的促进作用，因此很多宝宝学说的第一批词汇和句子都是电视广告和天气预报。妈妈担心的可能是电视对宝宝的辐射和视力影响以及广告内容对宝宝的观念、态度产生不良影响。宝宝的眼球正在发育阶段，因此，可以偶尔看看天气预报，但绝不是能天天看，以免成为"电视虫"。

56 脐炎、脐茸该如何判断与护理?

我的宝宝出生后半个月因为患脐炎导致败血症，发高热，白细胞3万多。大夫说可能会引起生命危险，就赶紧住院了。但是我不知道宝宝为什么会发生脐炎……

57 如何分辨生理性黄疸与病理性黄疸?

宝宝出生没几天，脸上的皮肤就变成了黄色，眼球也黄了，家里人十分惶恐。孕期我的肝功能指标偏高，很担心宝宝肝功能是否也有问题，是患了肝炎吗？皮肤黄对大脑有影响吗？到底是什么病呢？

疾病防治

56. 脐炎、脐茸该如何判断与护理?

Q 我的宝宝出生后半个月因为患脐炎导致败血症，发高热，白细胞3万多。大夫说可能会引起生命危险，就赶紧住院了。但是我不知道宝宝为什么会发生脐炎。出院后，我非常仔细地呵护宝宝，生怕宝宝肚子着凉，就用消毒纱布厚厚地盖了几层，还用胶布贴上，也不敢洗澡。细菌到底是怎么进入肚脐的呢？

A 脐带被切断几小时后脐带的残端变成棕色，逐渐干枯、发黑，至5～7天从脐根部自然脱落。脐带脱落后，根部往往潮乎乎的，这是正常现象，可以用消毒棉签蘸75%的酒精擦净，脐根很快就会干燥，就不需要每天都消毒了。因脐带残端是和血管相通的，若妈妈护理不好细菌可能侵入，轻者引起脐周发炎，重者会造成败血症而危及新生儿的生命。

脐带未脱落以前，我们每天要注意观察脐部有无渗血、渗液或者脓性分泌物。可用消毒棉签蘸75%的酒精，擦拭脐带根部，并轻轻擦去分泌物，每天1～2次即可。不能用纱布包裹，更不要用厚塑料布盖上，再用胶布粘上，这样很容易滋生细菌，酿成脐炎乃至脐茸。一旦脐部有脓性分泌物，有臭味或脐带表面发红，甚至宝宝发热时，说明可能已发生脐炎，应及时请医生处理，否则，会由此导致败血症。

若脐带脱落以后，脐部总是不干燥，仔细观察呈粉红色，如果有绿豆大小的新生物，尤如葡萄串，肚脐表面常有渗液，甚至有脓液，这就是脐肉芽肿，又叫脐茸。这是由于脐断端掉了以后，断端发生细菌感染造成的。如遇到这种情况，应当尽快看医生。一般都需要清除肉芽组织，直至创面干燥。

57. 如何分辨生理性黄疸与病理性黄疸?

Q 宝宝出生没几天,脸上的皮肤就变成了黄色,眼球也黄了,家里人十分惶恐。孕期我的肝功能指标偏高,很担心宝宝肝功能是否也有问题,是患了肝炎吗? 皮肤黄对大脑有影响吗? 到底是什么病呢?

A 一般,新生儿出生后 2～3 天会出现皮肤、黏膜和巩膜发黄,最初限于面部;4～5 天黄疸程度达到高峰,躯干皮肤,甚至四肢近端也会出现发黄;7～10 天开始减轻并逐渐消退。在黄疸出现的同时,新生儿一般情况良好,精神佳,吃奶香,而且大便呈黄色,这种现象叫生理性黄疸。

新生儿发生生理性黄疸的原因与新生儿的生理特点有关:(1)新生儿红细胞多,破坏后产生的胆红素多;(2)肝脏酶的功能尚不成熟,参加胆红素代谢的肝脏酶的量和活性均较差,胆红素到肝脏后变成结合胆红素并随着大便排出体外的过程受到影响;(3)胆道排出胆红素的功能也尚未完善;(4)胎便粘稠,从大便排出胆红素的过程受影响,如此等等,促使胆红素在体内积存较多,7 天后各项功能逐步完善,新生儿黄疸也随之减轻并消退,对新生儿健康无损害,无须特殊治疗。

如发现黄疸出现得过早、发展过快、程度过重,或消退后又出现,或持续不退并有加重趋势,在黄疸出现的同时,小儿精神欠佳、吃奶不香、大便色白,则属于病理性黄疸,应当马上看医生,并及时治疗。若发现宝宝病理性黄疸已扩展到四肢,甚至手脚心也发黄,就意味着病情严重,如果延误治疗就会发生核黄疸,可能造成新生儿神经系统不可逆转的损害。所以,重症黄疸必须及早到有良好治疗条件的医院儿科去进行综合治疗,包括必要的换血治疗。特别是早产儿合并黄疸更应积极治疗。

58. 如何护理脂溢性皮炎?

Q 宝宝头上不断出现黄色脏兮兮的东西，洗头也洗不净，有红色斑点，前额、眉弓上也有斑片，好像很痒的样子，这是怎么回事呢？如何治疗呢？

A 这种皮肤病医学上称"脂溢性皮炎"，是一种有特殊分布规律的红斑鳞屑性皮肤病，一般于出生后 3～4 周发病。皮肤表现为边缘清楚的淡红色斑疹，表面覆以灰黄或棕黄色油腻性鳞屑和痂皮，好发于宝宝头顶、前额、双眉弓、鼻翼凹、耳后等处。头皮损害较重者，可形成多层黄痂，容易继发细菌感染。除头部外，周身无症状，基本上不痒，与婴儿湿疹不同。后者为红斑状丘疹，好发于面颊、额、胸、肘及腋窝等处，伴有剧痒及周身不适。但是，脂溢性皮炎与湿疹并存时就会痒，宝宝就会因不舒服而搔抓、哭闹。

小儿脂溢性皮炎的病因不十分清楚，与遗传有一定关系，常在冬季发生，宝宝缺乏 B 族维生素或消化吸收不良等，也是诱发因素。

处理要点：头皮上的鳞屑不能用肥皂水洗，注意不要撕揭痂皮以免感染。可用含 2% 水杨酸的花生油或烧开冷却后的食用植物油轻抹数次，而后涂以含抗生素或含激素的软膏，如醋酸氢化可的松软膏，或 3% 硫磺软膏，或 3% 白降汞软膏；口服维生素 B_2、B_6 或复合维生素 B 等亦有好处，注意勿擦破皮肤。

59. 如何分辨 "气蛋" 和 "水蛋"?

Q 宝宝的蛋蛋（阴囊）鼓得大大的，一边大一边小，哭的时候，小的一边又鼓出一个包，朋友告诉我或许是 "气蛋"、"水蛋" 什么的。我担心得要命，会不会影响以后的生育呢？

A 俗话说的 "气蛋"，即 "腹股沟斜疝"。新生儿的腹股沟管尚未发育完善，当宝宝大哭大闹时腹压增加，部分肠管就可以通过腹股沟管的孔隙进入阴囊，妈妈可以摸到男婴的阴囊明显增大，鼓包柔软呈囊性感，用手指轻压鼓包可以还纳回到腹腔，仔细听，还可以听到气过水的声音，这就是腹股沟斜疝。

而俗称的 "水蛋" 就是医学上的 "睾丸鞘膜积液"。患儿的睾丸一大一小，或者双侧都比正常男婴的睾丸大，摸上去较硬，张力较大，若用手电筒照是透亮的，而 "气蛋" 则是不透光的。这就是俗称的 "水蛋"，父母要将这两种情况搞清楚，区别对待。

"气蛋" 与腹压、体位有关系，当宝宝哭闹腹压增加或直立时，肿物会增大；当安静或平卧时，肿物会缩小甚至消失（回到腹腔里）。由于右侧腹股沟管闭锁较左侧迟，故右侧腹股沟斜疝较多见。有的宝宝的腹股沟管到出生后 6 个月才闭锁，所以 "气蛋" 在 6 个月以内还是有可能自愈的。但是，如果 "气蛋" 不能用手指送回到（还纳入）腹腔，而且张力很大，甚至宝宝出现呕吐等症状时，可能是肠管嵌顿了，应马上看医生，以防肠管坏死。这就要求我们护理宝宝时注意观察，还应该注意尽量减少孩子过度增加腹压，如长时间大哭大闹、慢性咳嗽、长期便秘等。随着宝宝的腹壁肌肉渐渐地发育成熟，腹股沟管闭合，多数 "气蛋" 是可以自行痊愈的。

如果在 6 个月以后，"气蛋"仍不消失或有增大的趋势，应去看小儿外科医生，以便把握手术的最佳时机。

"水蛋"绝大多数不用治。如果积液在睾丸周围与腹腔不通，为非交通性睾丸鞘膜积液；如果液体和腹腔相通，也就是说竖抱婴儿时增大，平卧时变小，则为交通性睾丸鞘膜积液；如果在睾丸上方，还有一个单独的囊肿，那是精索鞘膜积液。新生儿期大多数是非交通性鞘膜积液，多在两岁内自然吸收。如果两岁后仍不吸收，甚至增大，就应去看小儿外科医生，以便采取合适的处理办法。

气蛋、水蛋是不同的

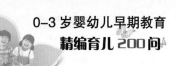

60. 宝宝乳房肿大是怎么回事?

Q 宝宝 50 天,两侧乳房有肿块,摸上去还有点硬硬的感觉,有时候还会分泌像乳汁一样的液体,这是怎么回事呢? 是早熟吗? 要不要把乳房的肿块给挤出来呢?

A 正常新生儿,无论男婴还是女婴,在出生后 1 周左右都会出现双侧乳腺肿大,大的如半个核桃,小的如蚕豆,有的还分泌乳汁,数量从数滴至两毫升不等,一般在生后 8 ~ 18 天时最明显,2 ~ 3 周后逐渐消失,少数也可能要持续 1 个月左右才消失。

这种乳腺肿大的现象是一种正常的生理现象,称为生理性乳腺肿大。这是因为在胎儿时期,胎儿体内存在着一定量来自母体的雌激素、孕激素和生乳素。出生后,来自母体的雌激素和孕激素被骤然切断,使生乳素作用释放,刺激乳腺增生,不需要处理。

有的妈妈误认为把乳汁挤出来就好了,这样做是很危险的。因为挤压会使乳头受伤,细菌侵入,引起乳腺炎,甚至败血症,而败血症会给宝宝带来生命危险。

新生儿出现乳腺肿大后,也应进行观察,如发现肿大的乳腺不对称,一大一小,局部发红发热,甚至抚摸时有波动感,同时宝宝有哭闹不安等不适表现,则很可能是化脓性乳腺炎,应及时请医生诊治。

61. 宝宝得了鹅口疮该如何判断与护理?

Q 宝宝3个月了，有一次哭的时候，我发现宝宝的牙龈上有浅黄色的一层东西，还有一些绿豆大小的凸起，这就是鹅口疮吧？我用软布擦了却擦不掉，这到底怎么治疗？需要看口腔医生吗？

A 以上描述应当不属于鹅口疮，而属于正常现象。鹅口疮是由白色念珠菌感染引起的婴儿期常见疾病，俗称"雪口"。一般认为是由于婴儿免疫机能低下、营养不良、腹泻或因感染而长期服用抗生素或激素等造成的，也有约 2%～5% 的正常新生儿是由于使用污染的哺乳奶具或出生时吸入或咽下产道中定植的白色念珠菌而发病。

患"鹅口疮"的宝宝常表现为口腔黏膜上附有一层像豆腐渣一样的东西，黏附在口腔壁上，好像吃奶后留下的奶块。如果用棉签能擦掉则为奶快，擦不掉则为鹅口疮。随着病情加重，小儿可表现出烦躁不安，进食减少，因进食疼痛而拒食。严重者可扩散到咽喉，引起吞咽困难。若扩散到消化道或呼吸道，可引起霉菌性肠炎与霉菌性肺炎。

婴儿"鹅口疮"应以预防为主，具体措施如下：

①哺乳前，妈妈要洗净双手，有手足癣的妈妈则要避免双手接触宝宝的喂奶用具及自己的乳头，必要时停止哺乳。

②患有阴道霉菌病的妈妈要积极治疗，切断传染途径。

③使用抗生素时，应遵循医生的指导，避免过度治疗。

④宝宝的喂奶用具每天都要消毒，其他用品要定时消毒，宝宝的洗漱用具尽量和父母的分开。

⑤坚持母乳喂养，增强宝宝抵抗力，避免滥用抗生素，以免菌群失调，引发霉菌感染。

发现鹅口疮后，可用 2%～5% 的小苏打溶液清洁宝宝的口腔黏膜，然后涂以制霉菌素液，并口服维生素 B_2 和维生素 C，以增强黏膜的抵抗力；或者遵照医嘱用药；尽量避免给宝宝滥用或长期使用抗生素，以免呼吸道和消化道抵抗力降低而致呼吸道和消化道反复感染；鼓励较大宝宝多饮水，给予流质或半流质饮食；宝宝因为疼痛不愿吃东西、不肯吸吮时，应耐心用小匙慢慢哺喂，以保证营养；避免摄入过酸、过咸及其他刺激性食物，减少疼痛。

62. 什么是摇晃综合征?

Q 为了哄爱哭的宝宝睡觉，奶奶总是不断抱着摇晃，不摇晃就不睡，医生说这样做对宝宝很不好。是真的吗?

A 有人报道过度摇晃小婴儿，或抛高，或过度震荡头部，会导致"摇晃综合征"。这个病是指婴儿头部受到持续摇晃后对其脑部产生的损害，是常常在没有外部损伤迹象的情况下造成的脑损伤。脑损伤来自于猛烈的摇晃，不管有没有和别的物体发生碰撞，猛烈的摇晃都可以导致脑内或脑附近出血，或神经连接处断裂，还可以导致眼内出血。

轻轻摇晃宝宝是可以的，可以安抚爱哭的宝宝，但千万不要用力摇晃宝宝，因为婴儿脑部发育尚未完善，当受到强力摇晃时，脑部组织容易受到撞击，甚至出现血管破裂，乃至脑神经纤维受损。

婴儿摇晃综合征常见于 6 个月左右的婴儿，轻者会出现烦躁不安或倦怠；重者可继发运动障碍，甚至瘫痪、惊厥等。这些说法虽然源于报道，但是，小婴儿的大脑毕竟尚未发育完善，容易受到损伤，所以，爱抚哭闹的婴儿一定要讲究科学方法。

63. 宝宝大便正常吗，如何观察？

Q 宝宝的便便总是稀的，有的时候是呈黄色水样便，有的时候呈糊状，还有的时候有点发绿色，这是为什么呢？什么样的大便才是正常的呢？

A 宝宝大便的次数和性质反映胃肠道的功能。通过对大便的观察，可初步了解孩子的消化功能，尤其是大便出现异常时，常常预示着某些疾病的发生，所以更值得妈妈的注意。

正常新生儿在出生后 2～3 天内排泻黑绿色大便，我们称为胎便。2～3 天是黑黄夹杂的过渡便；3～4 天后变为黄色便。纯母乳喂养儿的大便呈金黄色，稀糊糊，不成形的软便，每天 5～6 次。婴儿放屁很多，一放屁，肛门上会有少许软便，这是正常现象，妈妈不必紧张；混合喂养的婴儿，大便是金黄色和浅黄色大便混杂的，妈妈常常把浅黄色大便当成奶瓣，认为是消化不良而反复进出医院；纯牛奶喂养的婴儿大便呈浅黄色，每天 1～2 次。偶尔也有大便中夹杂少量奶瓣，颜色发绿，这些都是偶然现象，只要孩子吃奶香，精神佳，可继续观察。如果出现水样便、蛋花样便、脓血便、柏油样便等则表示孩子可能生病了，应及时带新鲜大便，到医院化验，并在医生指导下进行针对性治疗。

如果宝宝的大便呈现出以下几种情况，就要引起妈妈注意了，应及时到医院就医，以防延误治疗。

（1）大便灰白色，同时孩子的白眼珠和皮肤呈黄色，有可能为胆道梗阻或胆汁黏稠或肝炎。

（2）大便黑色，可能是胃或肠道上部出血或服用治疗贫血的铁剂药物所致。

（3）大便为果酱样，需警惕肠套叠的发生。

（4）大便带有鲜红的血丝，可能是大便干燥或者肛门周围皮肤破裂。

（5）大便为赤豆汤样，可能为出血性小肠炎，这种情况多发生于早产儿。

（6）大便淡黄色，呈糊状，外观油润，内含较多的奶瓣和脂肪小滴，且漂在水面上，大便量和排便次数都比较多，可能是脂肪消化不良。

（7）大便呈黄褐色稀水样，带有奶瓣，有刺鼻的臭鸡蛋味，为蛋白质消化不良。

（8）大便次数多，量少，呈绿色或黄绿色，含有胆汁，带有透明丝状黏液，宝宝有饥饿表现，为奶量不足、饥饿所致腹泻。

（9）大便蛋花汤样，常见于秋季腹泻，是由轮状病毒感染引起的肠道疾病。

（10）脓血样大便，多见于痢疾，患儿常伴有发热、恶心、呕吐、不愿进食、全身无力、阵发性腹痛等症状。

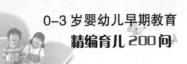

64. 如何应对宝宝便秘?

Q 宝宝 8 个月总是 2 ~ 3 天才排便，大便呈干球状，有时候憋的满脸通红还是排不出来。好不容易排出来了，大便有时挂血丝，我们很着急，也很无助，真不知道怎么办才好?

A 宝宝的大便又干又硬，排便次数减少，排便时困难，就是便秘。宝宝便秘时大便很费劲，甚至出现肛裂，于是大便会挂血丝。令年轻父母很紧张，每每排便就像战斗一样。所以，妈妈必须学会一些预防和治疗便秘的办法。

宝宝便秘，重在预防。应从"饮食管理和增加运动"着手。可以适量喝点菜汁，吃点香蕉泥、果蔬泥、菜粥等，以增加肠道内的纤维素，促进胃肠蠕动；牛奶喂养的宝宝，可在牛奶中加入适当的糖（5% ~ 8% 的蔗糖）以软化大便；训练宝宝养成定时排便的好习惯，宝宝 3 个月左右时，父母就可以帮助他逐渐形成定时排便的习惯了；保证充足的活动量，运动可促进肠蠕动，因此要保证宝宝每天有一定的活动量，要增加宝宝翻身打滚的机会，不要长时间把宝宝独自放在摇篮里。

对严重便秘，家人必须学会家庭处理办法：

①饮食调整。多喝白开水，6 个月以下的宝宝要适当喝菜汁、果汁，6 个月以上的宝宝可吃菜泥、碎菜、果泥，还可适当增加一些粗粮粥，或给婴儿吃一些酸奶，酸奶里添加有益生菌可以调整肠道菌群，改善肠道功能，促进消化，对便秘或者腹泻都有改善作用。但不能长期用酸奶代替配方奶粉。6 个月以下小婴儿可以服用培菲康或金双歧调整肠道菌群，改善肠道功能，治疗便秘或腹泻。

②腹部按摩。腹部按摩是我国已使用几千年的，行之有效而又无负作用的好办

法，不仅能强身，健脾胃，还能清理肠道有毒废物。方法：以你的手掌心对准宝宝肚脐（神阙穴）顺时针旋转按摩腹部，每天2次，每次3～5分钟，手法要实，且缓慢连续；再用你的手指指腹，于宝宝肚脐左侧下方，即大便积存的地方，往下推20～30次。

③药物治疗。以上方法无效或者宝宝近期服用过抗生素，可适当服用以下药物调理胃肠功能。如：妈咪爱、整肠生、金双歧片、四磨汤口服液等，其中之一即可。具体用药及用量必须仔细阅读说明书，切忌随便给宝宝服用成人用的泻药。

④帮助排便。如果宝宝已经几天未大便了，则应采取协助排便的措施，如使用开塞露或用蘸香油的棉签，帮助排便。

65. 怎样防治孩子脱肛?

Q 宝宝总是便秘,便后发现肛门处有小红肉,是不是脱肛了啊?该怎么办?

A 小儿脱肛是指肛管、直肠脱出肛门外。为什么小儿容易发生脱肛呢?主要原因有三:一是小儿的骶骨弯尚浅,直肠呈垂直位,如果腹压增加时,直肠没有骶骨有效的支撑,容易下滑;二是支撑直肠的组织较软弱,营养不良者尤甚,且肛门括约肌的收缩力弱,直肠易从肛门口脱出;三是长期腹压增加如便秘和咳嗽。另外肠炎、痢疾等引起的较长时间的腹泻也会造成脱肛。

脱肛的主要表现是在排便时黏膜自肛门脱出,看似一团红色的囊,便后可以自动缩回。如果反复发作,时间一长,便后不能自动缩回,需要用手托回。时间再长,不仅排便时脱肛,在小儿哭闹、咳嗽等情况下也会脱肛,如果不及时托回,则脱出的黏膜会发生充血、水肿,甚至溃疡。脱肛有时会出现嵌顿,用手托不回去,需要及时去医院救治。

预防的方法是:

①增加营养,纠正小儿营养不良现象,加强支撑直肠的组织;

②定时排便,从小养成好习惯,以免出现便秘造成腹压增加;

③及时治疗慢性咳嗽、腹泻等疾病,去除增加腹压的原因。

治疗脱肛的方法很简单,轻症不用特殊治疗,只需解除增加腹压的原因即可。如果经常脱出则可用纱布厚垫压住肛门,然后用胶布贴在两侧臀部,卧床 1～2 周即可。排便时不使直肠脱出的关键是髋关节尽量不要屈曲,可以卧床排便或给小婴儿把尿时将其大腿伸直，大孩子的坐便盆尽量高一些，比如坐便盆时把便盆放在凳子上，这样髋关节可以减少屈曲。如此坚持 1～2 个月，一般可以痊愈。

若用上述方法治不好，可配合中药、针灸疗法。均无效者可去医院接受治疗。如出现嵌顿，必须马上去医院救治。

66. 怎样帮助孩子度过易感染期?

Q 宝宝 13 个月,时不时就感冒 ,弄得我很焦虑,家里人也跟着着急。孩子之前体质挺好的啊,为啥现在总是生病呢?

A 6 个月后至 4 岁是宝宝易感染期,即容易生病,其实出现一些感冒之类的毛病,不见得是坏现象,恰恰相反,这是宝宝本身与致病菌作斗争,产生免疫力的体现。爸爸妈妈往往非常紧张、非常焦虑。

如何避免宝宝经常生病,与自身抵抗力,及接触的病原体毒力有关。不过,如果保持良好的营养状况,经常运动健身,抵抗力增强,一旦感染,也不会发病,或者病情很轻,痊愈得很快。

因此,平常应该注意孩子的饮食营养,要做到营养丰富而均衡;少喝饮料,多喝白开水;流行病季节,少带孩子到人多拥挤的地方 ;从小要养成饭前,便后,从外边回家后洗手的习惯,一定要规范流水洗手;勤给孩子洗澡,勤换衣服;大人感冒时,避免和幼儿直接面对面接触,室内注意通风;注意各种食具玩具的清洁;每天坚持运动,多晒太阳,多进行户外活动;定期打预防针;流感地区,全家人预防可服用板蓝根,或大青叶冲茶饮,3 天;注意前胸,后背,颈部,双足保暖。这比穿很厚的衣服 、吃补品 等更为重要。而且,小儿系稚阴稚阳之体,经不起滋补。

67. 如何处理宝宝高热抽风?

Q 我家宝宝 2 岁了，发烧到 39.5℃，吃了退烧药还是没退烧，很快出现双眼上翻，四肢抖动，就马上去了医院，医生说这是"高热惊厥"。听别人说有过一次惊厥以后，下次发烧极易再次惊厥，我该如何预防与急救呢?

A 由小儿中枢神经系统以外的感染所致 38℃以上发热时出现的抽风（惊厥）称为"小儿高热惊厥"。是小儿常见急症之一，多见于 6 个月至 3 岁的宝宝，具有显著的遗传倾向。宝宝往往是先有发热，随后即发生惊厥，惊厥出现的时间多在发热开始后 12 小时内，在体温骤升之时，突然出现短暂的全身性惊厥发作，伴有意识丧失。惊厥的严重程度并不与体温成正比，惊厥持续几秒钟到几分钟，多不超过 10 分钟，发作过后，神志清楚。宝宝发生高热惊厥在准备送医院的同时，应先进行家庭急救。急救措施如下：

①妈妈首先要保持镇静，切勿惊慌失措。应迅速将小儿抱到床上，使之平卧，解开衣扣、衣领、裤带，可采用物理方法降温。

②用手指甲掐人中穴（人中穴位于鼻唇沟上 1/3 与下 2/3 交界处），将患儿头偏向一侧，以免痰液吸入气管引起窒息。用裹布的筷子或裹纱布的勺柄塞在患儿的上、下牙之间，以免咬伤舌头并保障呼吸道通畅。

③发生惊厥时，不能喂水、进食，以免误吸入气管发生窒息或引起吸入性肺炎。家庭处理的同时最好先就近就治，在注射镇静剂及退烧针后，一般抽风就能停止。切忌长途奔跑去大医院，使抽风不能在短期内控制住，会引起小儿脑缺氧，造成脑水肿甚至脑损伤，最终影响小儿智力，甚至死亡。

④止抽后，应及时去医院就诊，以便明确诊断，避免延误治疗。

首次高热惊厥发生后 30% ～ 40% 的患儿可能再次发作，75% 的患儿在首次发作后 1 年内再次发作，90% 在 2 年内再次发作。因此患儿妈妈在家中备好一些急救物品和药品，如小儿用口服百服宁、美林等降温解热剂，以及感冒中药、75% 酒精等急救物品，包括棉签、消毒纱布、胶布、云南白药、体温计、压舌板等。如果患儿出现发热，应及时测量体温，肛温在 38.5℃左右即应予以物理及口服药等降温。苯巴比妥为长效类镇静催眠药，对既往有高热惊厥史的患儿，在发热早期即应使用，在体温升至高热时，体内抗惊厥药已达到抑制惊厥的有效浓度，从而能抑制惊厥，有效预防小儿高热惊厥再次发生。

68. 婴幼儿为什么易患扁桃体炎?

Q 孩子扁桃体老爱发炎,好了后不久就又发炎了,弄得我都不知道怎么办,平时都很注意了,但还是那样,怎么办?

A 扁桃体因所在部位不同有腭扁桃体、咽扁桃体之分。急性扁桃体炎通常指的是腭扁桃体的急性炎症,通常简称扁桃体炎,往往同时伴有轻重程度不等的急性咽炎,是一种极为常见的咽部疾病。小儿扁桃体炎,以春、秋两季气温变化时最多见。引起急性扁桃体炎的病原体可通过飞沫、食物或直接接触而传染,因此有传染性。

小儿为何易患扁桃体炎呢?与成人相比婴儿鼻咽部相对狭小,而且位置较垂直,有丰富的淋巴组织,其发育随年龄增长有所不同。咽部左右两侧各有一个扁桃体,在新生儿时期多藏于咽部的腭弓之间,腺窝及血管均不发达,到 1 岁末,随着全身淋巴组织的发育而逐渐长大,4～10 岁时发育达最高峰,14～15 岁时又逐渐退化。由此可以说明,为什么扁桃体炎常见于学龄儿童,而 1 岁以下婴儿则很少见。

我们再来看一下扁桃体炎的病因,乙型溶血性链球菌为主要致病菌。非溶血性链球菌、葡萄球菌、肺炎双球菌、流感杆菌及腺病毒等也可以引起本病。细菌和病毒混合感染者也较多见。近年来,还发现有厌氧菌感染的病例。

上述病原体通常存在于正常人的口腔及扁桃体内，不会致病，当某些因素使全身或局部的抵抗力降低时，病原体则"乘虚而入"侵入体内而致病，或于此时因原有细菌大量繁殖也可致病。而受凉、潮湿、疲劳过度、吸入有毒气体如一氧化碳（CO）等均可为诱因。

营养不良、佝偻病、消化不良、平时缺乏锻炼，以及有过敏体质的小儿，因身体防御能力减低，容易发生扁桃体炎，特别是有原发性免疫缺陷病或后天获得性免疫功能低下的患儿，抵御病原体的能力低下，就更容易患急性扁桃体炎。

69. 为什么不能动辄用抗生素?

Q 孩子感冒了，还总是咳嗽，能不能给孩子吃点"抗生素"呢?

A 通常所说的"消炎药"医学上称为抗生素，是抵抗细菌的药物，它的作用是杀死细菌或抑制细菌的生长，但它不是退烧药，也不能"包治百病"，它只能对细菌感染引起的疾病有作用。而且一种抗生素只对一定种类的细菌起作用。在日常生活中，孩子患感冒最多，而感冒90％是由病毒感染所致，用抗生素治疗是无效的。有些妈妈不管孩子得什么病，只要一发烧或有轻微的感冒，不经过医生检查就用抗生素，如青霉素类或红霉素。这种滥用抗生素的做法是错误的，这样不仅治不了病，还会对人体产生危害。其主要危害有以下几点:

①使细菌产生耐药性。斯坦福大学的生物学家斯特利·法尔科说，细菌是"聪明的小魔鬼"，由于经常使用某种抗生素，细菌为了生存就会改变代谢方式。比如在用四环素治疗尿路感染时，大肠杆菌不仅会产生对四环素的耐药性，同时会产生对其他抗生素的耐药性。接着，细菌变异的变种还能把耐药基因遗传给后代甚至传递给无关的其他细菌。使抗生素失去了杀灭或抑制细菌的作用。

②造成"二重感染"。

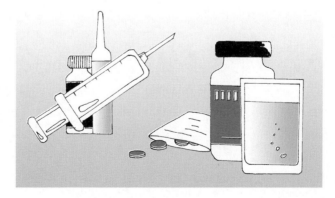

正常情况下，人体内存在多种细菌和真菌，它们相互制约，处于"平衡"状态。长期使用抗生素，体内的某一类细菌或真菌就会被消灭或抑制，其他类细菌和真菌就会大量繁殖，一些致病菌也可能乘虚而入。这时如果孩子抵抗力低，这些细菌和霉菌就会使孩子发病，造成二重感染，最常见和最轻的是鹅口疮。

③引起副作用或中毒。由于小儿的肝、肾等器官代谢功能差，体内某些酶系统尚未发育成熟，加之中枢神经系统调节功能不稳定，易发生不良反应或中毒。

抗生素的毒性多种多样，不少抗生素可引起恶心、呕吐及腹部不适等。庆大霉素、卡那霉素可引起听神经损害，发生耳鸣、耳聋，而且是不可逆转的。婴幼儿期耳聋易造成聋哑。

因此，使用抗生素一定要慎重，按照医生的嘱咐使用，以免造成不良反应及中毒。

70. 孩子得了中耳炎怎么办?

Q 最近几天，宝宝耳朵流出臭的黄色液体，还经常哭闹，吃饭不香，这是怎么回事呢?

A 根据上述症状，宝宝可能患了中耳炎，中耳炎是细菌感染所致。患中耳炎除了耳朵流出黄色脓样发臭的液体外，严重时会伴有发热，精神不振，食欲不佳，烦躁哭闹，夜睡不宁等症状。

当宝宝平卧时，渗出物积聚在耳室内，使耳内压升高，引起剧痛；当将宝宝竖抱时，渗出物流到鼻腔内，耳内压减低，疼痛减轻。中耳炎如果不及时治疗将引起宝宝听力下降，甚至耳聋。婴幼儿由于不会用言语表达，等到被发现时常常已较严重，故应以预防为主。如平时孩子一旦有呕吐，注意不要让呕吐物流入耳道；当孩子感冒伴鼻塞时，虽无发热，也应及时保持宝宝鼻腔通畅。可在医生指导下用药，有效解除宝宝因感冒等原因引起的鼻塞，并预防感冒和呕吐引发中耳炎。

大多数患儿在一周或一两个月内可完全恢复，只有极少数严重患儿可能发生鼓膜穿孔，如不及时治疗，有可能导致耳聋。

71. 孩子为什么没食欲了?

Q 不知道什么原因，孩子没有食欲，甚至厌食拒食，吃一顿饭要全家总动员，连哄带骗，又唱又跳的，孩子还是不肯吃饭，家里人都跟着着急上火。

A 厌食是当前小儿中较常见的一种症状，使妈妈十分苦恼。孩子为什么厌食呢？据调查主要原因有以下几点：

①不良的饮食习惯。过多地吃零食是造成厌食的主要原因之一，经常吃零食使胃肠不停地工作，打乱了消化活动的正常规律，长久下去就会使小儿没有食欲。另外还有的小儿边吃边玩，妈妈拿着碗追着孩子喂，吃饭时不专心，食物的色、香、味对感觉器官的刺激作用减弱，使大脑对进食中枢的支配作用减弱，消化系统功能降低，对进食缺乏兴趣和主动性。

②饮食结构不合理。主副食中的肉、鱼、蛋、奶等高蛋白食物多，蔬菜、水果、谷类食物少，冷饮、冷食、甜食吃得多。如孩子经常以巧克力、奶油蛋糕、乐百事等食品为主，孩子因血液中糖含量高而没有饥饿感，所以就餐时没有胃口。餐间再次饥饿，又再以点心、糖果充饥，形成恶性循环。

③妈妈照顾孩子进食的方法、态度不当。幼儿时期生长速度比婴儿时期慢，孩子食量相对减少，如果孩子精神和一般情况良好，这是正常现象，妈妈不要紧张。如此时有的妈妈采用强迫、催促、许愿，甚至打骂等方法勉强孩子进食，也可造成孩子精神性厌食。

④疾病的影响。如反复感冒或反复腹泻、佝偻病、缺铁性贫血、锌缺乏等疾病，都会使宝宝没食欲，服用药物也影响胃口。

　　根据以上原因保证孩子吃饭香，预防孩子没食欲才是关键。预防小儿厌食，要少吃零食，少吃补品，定时进餐，七八成饱即可，不强迫孩子多吃，吃饭时保持安静和愉快的情绪，要提供营养均衡的膳食，预防营养性贫血、佝偻病的发生。增强体质，减少疾病。服药时改变方法，如抗生素饭后服用，可减少药物对胃肠的刺激，不至于影响食欲。

72. 小儿疳积的判断，如何按摩治疗？

Q 孩子没有食欲，吃饭像打仗，面黄肌瘦，请问是疳积吗？如何治疗呢？

A 小儿营养不良是婴幼儿期常见疾病之一。中医又称为疳积。是一种慢性营养缺乏症。

一般来说宝宝营养状况良好，主要表现在身高、体重的正常增长，皮肤红润，肌肉丰满，而且肌肉结实富有弹性，神经精神发育正常等方面。表现为活泼，敏捷，食欲好，睡得香，反应灵活。

如果宝宝存在营养不良，通常表现为体重不增或增长缓慢或体重轻、皮下脂肪少、消瘦、皮肤松弛弹性差、毛发干枯无光泽、面色发黄、食欲不振、抵抗力差、反复患病。虽然近些年随着人们生活水平的提高，重度营养不良很少见到，但轻度营养不良仍不少见。这多是由于父母缺乏营养方面的知识造成的，如偏食、挑食、零食不断、正餐不吃等。另外，由于宝宝患有某些疾病，如消化道先天畸形、慢性腹泻、感染性疾病等，也可导致营养不良。

如何预防婴幼儿营养不良呢？

首先，要做到合理喂养。父母要学习科学的营养知识，掌握科学的育儿方法：合理安排宝宝的膳食；烹调中注意饭菜的色、香、味，以提高宝宝的食欲；保证各种营养素的充分摄入；纠正偏食和挑食，合理吃零食；忌填鸭式喂养，有的父母认为只要宝宝爱吃，只要这种食物有营养，就尽量满足宝宝，致使胃肠道消化不了所摄取的过量食物，造成消化不良，伤了脾胃。

其次，要合理安排宝宝的生活起居，注意养成良好的睡眠习惯、饮食习惯、排便习惯等，这些习惯是维持良好消化功能的基础。

一旦发生消化不良，首先，要找到引起消化不良的原因，如喂养不当，就应在营养专家的指导下逐渐改善喂养方法；如果膳食结构不合理，也可以在营养专家的指导下调整膳食结构，切忌操之过急，一定注意添加的营养食品要适合宝宝的消化能力；如果因某种疾病所致，要积极治疗原发病。其次，中医的推拿按摩、捏脊是十分有效的治疗方法。必要时，在医生指导下，配合适当的药物治疗。

小儿疳积的推拿按摩治疗：

补脾经，在宝宝的拇指螺纹面顺时针方向旋转推揉 200 次；

揉足三里，顺时针方向旋揉 200 次；

摩腹，双手搓热，以掌心对准宝宝肚脐，旋揉腹部 100 次。

推三关穴，在宝宝前臂掌面靠拇指那一直线上，即前臂桡侧手腕至肘部的区域，父母用拇指或中指指面从宝宝的手腕桡侧部直推向肘 30 次。

推六腑，在宝宝前臂掌面靠小指那条线，即前臂尺侧手腕至肘部，父母用拇指面或食中指指面自肘向腕直推 200 次。

揉四横纹，在宝宝食指、中指、无名指、小指的靠近手掌的指间关节横纹处，父母依次分别在上述部位进行旋揉 100 次。

捏脊，3 次。

73. 如何安排肥胖儿的饮食?

Q 孩子超重了，影响身体健康，家里商量着给他控制饮食，但是又怕营养摄取不足，怎么安排孩子的饮食比较合理呢?

A 单纯性肥胖主要原因是营养过剩，即每日吃得太多，因此控制饮食很关键。小儿与成人不同，他们正是长身体的时候，饮食安排必须满足基本营养需要和生长发育的需要两方面，另外肥胖儿食欲旺盛，多习惯于每餐吃到十一二成饱，让他吃到八九成饱比成人困难得多。所以调整饮食的质量至关重要，要多选用一些热量少而体积大的食物以满足小儿的饱腹感，比如富含纤维素的芹菜、韭菜，还有萝卜、黄瓜、西红柿或适量的粗粮。

孩子生长发育所需的优质蛋白必不可少，如鱼、瘦肉、鸡、蛋、奶、豆制品等，为了减少热量的摄入，最好以鱼和豆制品代替肉，以脱脂奶代替普通牛奶（牛奶中脂肪脱掉热量明显减低），只吃蛋清不吃蛋黄。

脂肪的热量是最高的（1克脂肪燃烧释放9卡热量，而1克蛋白质或碳水化合物燃烧只释放4卡热量），因此肥胖儿要少吃油腻食物，不吃肥肉。肯德基和麦当劳的快餐食品热量也非常高，尽量少吃。

要少吃或避免吃甜食，不吃巧克力、冰淇淋，一些含糖饮料也尽量少喝，口渴了喝白开水是最好的。

肥胖儿常有一些不良的饮食习惯，比如经常吃零食，睡前吃东西等。妈妈要督促小儿改正，不要吃零食，睡前吃东西最容易让脂肪堆积在体内，加重肥胖，所以不仅睡前不吃东西，晚饭也应少吃，晚餐应占全天食量的30%以下。吃饭不要过快，应细嚼慢咽，吃到八九成饱即可。

对于肥胖儿来说，每天供给多少热量合适呢？下面给一个参考范围：

＜ 5 岁：热量限制在每天 600 ～ 800 卡。

＞ 5 岁：热量限制在每天 1000 卡左右。

2 两米饭提供 127 卡热量，2 两馒头提供 226 卡热量，2 两瘦猪肉提供 330 卡热量，2 两牛肉提供 144 卡热量，2 两鸡肉提供 111 卡热量，2 两带鱼提供 139 卡热量，2 两鸡蛋提供 170 卡热量，200 毫升牛奶提供 138 卡热量。

土豆、白薯、糖、巧克力、甜饮料、甜点心、快餐食品、油炸食品、膨化食品、果仁、肥肉、黄油等为尽量不吃的食品。

另外，在减肥的过程中，因儿童正处于生长发育阶段，所以绝对不能让孩子有饥饿感。以下这些方法可以避免孩子多吃：

①让孩子多吃蔬菜、水果这些体积较大并容易产生饱腹感的食物。

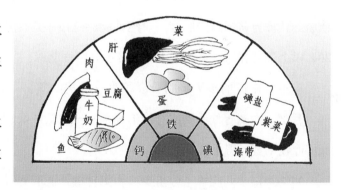

②进餐时先吃蔬菜、水果，然后喝汤，最后吃主食，这样不会过度进食。

③吃饭时让孩子细细地咀嚼，进食速度要慢，但时间不要过长，以免吃进太多食物。

④吃完饭要漱口刷牙，去掉食物气味，免得刺激食欲。

⑤不要给孩子视觉刺激，如甜食存在家中或到处乱放。

⑥以一些有趣的活动转移孩子总是想吃的念头。

74. 肥胖会带来哪些儿童疾病？

Q 宝宝肥胖的原因是什么？它的危害在哪里？会不会影响孩子的发育？

A 在医学上，当小儿摄入的营养多于人体需要量时，就会以脂肪的形式在体内储存，导致小儿体重增加过多。当体重增加超过同年龄正常标准体重的20％时，就被认为是肥胖。

小儿肥胖可分成单纯性与继发性两种。继发性是指有明显的内分泌代谢疾病或新陈代谢异常导致的肥胖。单纯性肥胖是指小儿食量大、运动少，超过正常体重20％以上的肥胖。城市的孩子大部分属单纯性肥胖。

单纯性肥胖的孩子，脂肪会积聚在乳房、腹部、臀部、肩部，严重者可在腹部、臀部、大腿等处看到肌纤维的断痕——就像妊娠纹一样，小男生还会因为腹部肥胖而使阴茎显得小。

自幼防治小儿肥胖十分重要，否则持续性肥胖可导致重度肥胖的发生，就会给小儿身心发展造成障碍。

小儿肥胖大多是由于营养过剩所致。小儿脂肪的积聚常表现为脂肪细胞的肥大伴增生，由于增生的脂肪细胞一般不会再消失，所以小儿肥胖形成后再减肥的效果就不及成年人。而人到中年以后的"发福"则主要是脂肪细胞的肥大而少有增生，所以发胖后的减肥较易显示效果。这也说明防治小儿时期的肥胖甚为重要。

过度的肥胖会使心包的脂肪增加，心脏负担加重，易生意外。由于脂肪过多，身体额外负担重，活动时，耗氧量增加30％～40％，胖者因腹部脂肪堆积，致使横膈膜抬高，肺活量减少，导致换气困难，此时会有明显的胸闷、呼吸换气不顺畅的感觉，只要运动就会气短、容易疲倦，严重者可由检验中查到红细胞增多，逐渐演变成肺心病。体胖者常因怕热而多汗，遇风吹袭，感冒机会就大幅增加，呼吸道感染、肺炎等疾病的发病率也会增高。由于体重增加，腰膝关节所承载的负担也相对增加，胖小孩容易因过劳而引起腰酸背痛，膝踝关节也容易扭伤。

　　肥胖者动作不灵活，常成为其它小朋友的笑柄，因此很容易造成心理与精神上的压力，易产生自卑感。常见的成人疾病，如高血压、糖尿病、心脏血管疾病等会在儿童期出现。

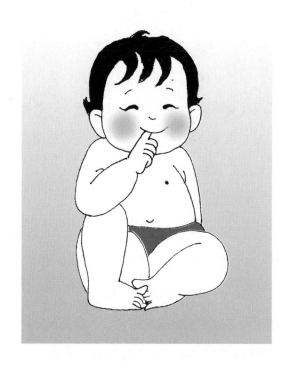

75. 宝宝头发干黄是缺锌吗?

Q 宝宝出生时头发挺黑的,近几个月头发看上去又干又发黄,而且有明显脱发现象,是缺锌吗?如何补充呢?

A 宝宝缺锌会出现有头发稀、黄、脱发等症状,但这不是主要症状,也不是唯一症状,还有以下几方面表现:(1)消化功能减退:原本吃饭香的宝宝,现在变得没食欲,吃什么都不香,甚至厌食、挑食,有的宝宝还有异食癖,如吃生米、生面,吃煤渣,吃鼻涕,咬被角等;(2)营养不良:皮下脂肪少,肌肉不丰满,缺乏弹性,渐渐消瘦,生长发育落后,甚至发育停滞,矮小等;(3)免疫机能下降:表现为呼吸和消化系统反复感染,如感冒、肺炎、肠炎、腹泻等;(4)维生素缺乏:如果维生素 A 缺乏,就会引发夜盲症、口腔炎、舌炎、外阴炎、结膜炎等皮肤黏膜交界处炎症。肢端可见经久不愈的对称性皮炎,伤口不愈合等;(5)智能发育落后;(6)其他:头发干黄,脱发等。

小儿锌缺乏症的诊断不是说必须根据以上症状一一对号入座才能诊断,而是只要有以下情况:婴幼儿膳食存在缺锌史;宝宝有以上部分表现,而不是全部;医院检查空腹血清锌小于正常值,即可确诊为锌缺乏症。

小儿锌缺乏症的治疗必须在医生指导下进行。锌不可缺,缺了影响极大。但补锌也不可过量,过量的锌也是有毒的,每日摄取量如果超过建议量的 5 ~ 30 倍(相当于每日 70 毫克~ 450 毫克),反而有可能伤害神经、造血及免疫系统。若怀疑宝宝缺锌,应带孩子去医院看营养专业医生,若需要进行药物治疗,需在医生指导下进行。

76. 怎么护理出汗多的宝宝?

Q 孩子睡眠时出汗多,尤其是头部,枕头都湿透了,是不是缺钙了?是不是体质虚?看了医生,化验检查也没发现异常,我的朋友也都遇到了同样问题,都很着急,感觉孩子出汗多会伤身体,到底是什么问题呢?该怎么办?

A 小儿出汗并不一定就是佝偻病或体虚,绝大多数是属于生理性的。如何区分孩子是生理性多汗还是病理性多汗呢?区别如下:

(1)生理性多汗的特点是常在刚睡着时出汗较多,一般是头上以及上半身汗多,以后就逐渐减少。还有的妈妈喜欢在宝宝临睡前喂一瓶牛奶,喂奶后小儿安静睡着了,但此时正是小儿吃奶后的产热阶段,因此常满头大汗。又因为小儿时期新陈代谢旺盛,皮肤含水量较高,微血管分布较多,植物神经发育不成熟,因此出汗较多,这完全是正常的。如果天气炎热、室温过高、穿衣过多或被子太厚就更会多汗。

(2)病理性多汗的特点是整个睡眠过程中汗量都很多。患佝偻病的小儿在入睡后就开始多汗,尤其是头部,能湿透枕席或枕巾,并伴睡眠不安、烦躁、易惊和不同程度的骨骼改变等。患活动性结核病的小儿,不仅上半夜出汗,下半夜及天亮前也常出汗,称为盗汗。小儿可伴有低热、咳嗽、消瘦、无力、脸色潮红等症状,同时还有食欲不振、情绪发生改变等症状。

孩子出汗多的原因查明后,应给予适当的处理。对于生理性出汗一般不主张药物治疗,而是调整生活规律,如入睡前适当限制小儿活动,尤其是剧烈活动;睡前不宜吃得太饱,更不宜在睡前给予大量高热量食品或热饮料;睡觉时卧室温度不宜过高,更不要穿着厚衣服睡觉;盖的被子要随气温的变化而增减。

对病理性出汗的小儿，应针对病因，进行治疗。如确实患了佝偻病，应在医生指导下补充维生素 D 与钙剂；结核病引起的盗汗，应进行抗结核治疗。

小儿盗汗以后，要及时用毛巾擦干皮肤，更换衣服，还要勤沐浴。要让小儿经常参加户外锻炼，以增强体质，提高适应能力，体质增强了，盗汗也会随之而止。

77. 小儿多汗的推拿按摩调理

Q 宝宝汗多，医生检查未发现异常，很想学习一点家庭养生的方法，这是我与我的朋友期盼的，如何在家给宝宝进行推拿呢？

A 出汗是排除新陈代谢产物的自我调理，但是，动则汗出，出汗过多，不妨通过按摩调理一下，既能强身健体，又能减少自汗，方法如下：

补肾经，于宝宝的小指末节螺纹面顺时针按摩 200 次。治疗体虚，气血不足等。

泻心经，在宝宝中指末节螺纹面，由中指端向手掌方向直线推动 200 次。

补脾经，在宝宝的拇指末节螺纹面顺时针旋揉 200 次。

推六腑，在宝宝的前臂掌面靠小指那条线（前臂尺侧），用拇指指面或食中指指面自肘推向腕 200 次。

揉涌泉，在宝宝脚底板的前三分之一凹陷处旋揉 300 次。

捏脊，5 次。

78. 宝宝鼻子出血是血液病吗？

Q 宝宝有过好几次流鼻血，有的时候是自己挖的，有的时候是天热引起，吃了消炎药也不起作用。很担心，孩子是不是得了血液病？

A 鼻出血，医学上称为鼻衄，是儿童时期的一个常见症状。小儿的鼻黏膜薄弱、非常娇嫩，鼻黏膜下的小血管特别丰富，又缺乏软组织保护，尤其是靠近鼻前庭有一个小区域，小血管密集成网，只要小血管破裂，就可发生出血，所以，孩子鼻出血不一定是血液病。鼻黏膜喜湿厌燥，我们最常遇到的鼻出血是由于室内外气候干燥，导致鼻腔干燥发痒时，孩子喜欢用手指挖鼻腔，容易损伤鼻腔黏膜下的毛细血管而发生鼻出血。另外，孩子发高热时，血液流速加快，小血管扩张，加上进水少，出汗多，口干舌燥，也易诱发鼻出血。如果孩子不慎跌倒在地，或鼻部受到外力撞击时鼻部碰伤，或鼻腔内有异物，或用力咳嗽、打喷嚏、擤鼻涕等，也可因损伤鼻黏膜而引起出血。患有急性或慢性鼻病或有鼻出血病史的孩子，较容易出血。特别需要提醒的是，如果孩子在鼻子出血的同时，伴有牙龈出血、皮肤出血点和瘀血斑、便血、尿血等，妈妈一定要及时去医院做详细的检查，除外

凝血功能障碍性疾病。

　　小儿鼻出血的应对：可因地制宜地采取一些简易止血方法。首先，应让孩子保持镇静，任何哭闹和烦躁不安都会加重鼻出血。有人习惯让孩子向后仰头，看起来似乎可减少出血，其实，鼻血可从鼻后方经口咽部流入胃内，反而会延误治疗。少量鼻出血时，妈妈可用浸有冷水或冰水的毛巾敷在病儿的鼻根部和头部，促使鼻腔局部毛细血管遇冷收缩，达到止血效果；还可用清洁的棉花或纱布堵塞出血侧鼻孔；有条件的话，可用棉球和棉签蘸上云南白药粉塞入鼻腔内；妈妈也可用食指或拇指按压住出血一侧的鼻腔，手指压在鼻翼及上方软组织处，使鼻翼等软组织压向鼻骨，起到压迫止血的作用；如果是两侧鼻腔同时出血，则可以用拇指和食指同时捏紧鼻孔进行按压，一般压迫几分钟后，轻轻放开手指，出血就会停止。如经上述处理，仍有鼻出血，则应送医院耳鼻喉科检查和治疗。

79. 宝宝总是头痛是什么问题?

Q 宝宝动辄哭闹,还时不时抓自己的头发,我觉得可能是表示他头痛,但却不知道是什么原因造成的,很是困扰。

A 较小的幼儿很难较准确地说清楚头痛的情况。由于他不能用语言表达,常常表现为烦躁、哭闹、皱眉、揪头发,甚至用手打头、以头撞物、突然尖叫等。

小儿头痛可突然发生,原因很多。如果孩子前额部位或全头部头痛,伴有发热、流鼻涕、打喷嚏、咳嗽,多为上呼吸道感染所致,但需要继续观察。其他一些感染性疾病,例如肺炎等,伴有发热时,孩子也会出现头痛,这类头痛的程度比较轻。如果孩子患有急性鼻炎、急性中耳炎、牙周炎等病,亦会连带着出现头痛。如果宝宝说全头胀痛或两侧头痛,并伴有水肿、尿少时,就要考虑带孩子到医院去化验尿液,查一查是不是得了肾脏疾病。若孩子血压突然升高,不仅有剧烈的头部胀痛,还出现呕吐,甚至昏迷,这是高血压脑病的表现,必须立即带孩子到医院就医。如果孩子在急性头痛时伴有发热、喷射性呕吐、颈项强直或神志不清,则可能是中枢神经系统的感染性疾病,例如脑膜炎、脑炎、脑脓肿等。此外,各种中毒如煤气中毒时,除了其他中毒症状,孩子亦会出现头痛。

持续慢性头痛多与五官科疾病有关,例如慢性鼻炎、慢性鼻窦炎、慢性中耳炎、眼睛的屈光不正等,都会引起持续头痛。妈妈要及时带孩子诊治,并帮助孩子坚持治疗,根除了原发病,才能有效地解除头疼。

80. 怎样给宝宝选择消化药?

Q 我的孩子经常消化不好，大便里有渣渣，有时吃西瓜后会有西瓜瓤。平时会给他吃点山楂片之类的，但还是不能解决问题，可以给他吃些助消化的药物吗?

A 助消化药泛指能够帮助消化的一些药物，包括健脾胃药和各种消化酶制剂，最好在医生指导下使用。胃蛋白酶、胰酶、淀粉酶等属于助消化药，它们是正常情况下人体分泌的物质，各有其不同的生理功能，如胃蛋白酶是胃中消化蛋白质的一种水解酶，在胃酸环境下可迅速将蛋白质消化。当小儿发烧或患全身性疾病时，消化系统功能往往会相应减低，胃蛋白酶的分泌量就会相应减少，适当地补充一些胃蛋白酶合剂，可能对消化有些帮助。

胃蛋白酶合剂是胃蛋白酶加稀盐酸、甘油和适量糖浆混合而成的液体。它适用于病后食欲不好、消化不良。60毫升/瓶。用量：6个月左右婴儿，0.5毫升/次；1岁以下，2.5毫升/次；1～5岁小儿，3毫升/次；5岁以上者，10毫升/次，3次/日。宜饭前服用。

乳酶生片，是乳酸杆菌的干制剂，可产生乳酸使肠内酸度增高，从而抑制腐败菌的繁殖，多用于消化不良、腹胀。0.15克/片。用量：2岁前，0.3～0.6克/次，每日3次，饭前服用。

调整小儿肠道菌群，改善食欲的药有：①妈咪爱：预防和治疗腹泻、肠道感染、消化不良、肠道内异常发酵等；②培菲康：用于肠道菌群失调所导致的腹泻和便秘；③金双歧：主要用于急性腹泻、习惯性便秘、结肠炎、小儿厌食、消化不良等。

调理小儿食欲的中成药很多，吃的食物过多，或者吃了过量油腻食物，可选用消食导滞类的中药，如一捻金、小儿化食丸等，可以消食、化滞、健胃。但应注意，不能动辄服用，更不能久服、多服，病除即止，因久服伤正气；积滞时间已久，脾胃虚弱致小儿形体消瘦、腹部胀大、食欲不振、少动易哭、面色发黄时，可选用调胃健脾、化积消食的中药，如健脾消食丸、健儿冲剂、婴儿健脾散、化积口服液及小儿启脾丸等。

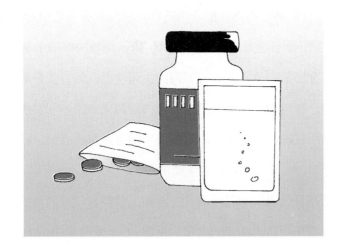

81. 孩子睡觉磨牙，是肚子里有虫子吗？

Q 孩子在熟睡之后，把牙齿咬得"咯咯"作响。妈妈多数怀疑是不是肚子里有虫子，是这样吗？

A 造成孩子夜间磨牙的常见原因有以下几种：

①精神因素：孩子白天过于紧张或入睡前兴奋过度，致使入睡后神经系统仍处于兴奋状态，颌骨肌群紧张性增高而引起磨牙。

②肠道寄生虫：一部分小儿磨牙是由肠道寄生虫引起的，最常见的是蛔虫症和蛲虫症。这些虫体寄生于孩子的肠道内，释放毒素，可引起孩子腹痛、烦躁、磨牙、肛门瘙痒等一系列症状。

③佝偻病：部分佝偻病患儿由于体内钙质缺乏，神经系统的兴奋性相对增高，也会引起孩子夜间磨牙、夜惊、夜啼、多汗、烦躁等。

④消化不良：晚餐吃得过饱或临睡前加餐，致使消化系统负担过重，孩子入睡之后，肠道仍在不停工作，咀嚼肌也随之一同运动而致磨牙。

⑤咬合障碍性磨牙：如无以上问题，最好带孩子到口腔科检查，看牙齿有无咬合障碍，如果有咬合障碍，则需按照医生的建议进行治疗。

另外，孩子睡眠时仰卧位，可以减少对口腔组织的机械压迫，有助于减少夜间磨牙的发生；若有肠道寄生虫，要及时化验小儿大便，根据检查结果，在医生指导下，服用驱虫药；患有佝偻病的患儿要及时补充维生素 D 及钙剂。注意睡前不要让孩子看惊险恐怖的电视，不给孩子讲惊险故事；也不要让孩子过度兴奋；同时，要纠正睡前进食的不良习惯。

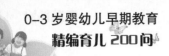

82. 如何护理发热的宝宝？

Q 我很害怕宝宝发烧，宝宝一发烧，全家人就会急得团团转，吃药怕影响孩子的健康，不吃药又担心温度太高烧坏他的脑袋，如何护理发热的宝宝呢？

A 通常情况下，宝宝新陈代谢所产生的热量，使体温保持在 36 ～ 37℃。当宝宝患病时，新陈代谢比平时旺盛，会产生更多的热量，从而使体温上升到 37.5℃以上，称为发热。

发热，是疾病的一个重要症状，它常被作为探索病因的线索，再与其他症状联系起来，就可诊断疾病。例如，发热伴流鼻涕、咳嗽，可能是呼吸道感染；发热伴呕吐、腹泻、腹痛，可能是胃肠道疾病；发热伴恶心、呕吐、头痛、抽筋，可能是神经系统出了问题；发热伴尿急、尿痛、血尿，可能是泌尿系感染；发热后出疹，则可能是病毒性传染病。作为妈妈，如果能够初步掌握一些与发热相关的知识，对帮助医生及早做出正确的诊断、针对性治疗及孩子的早日康复都是十分重要的。

对发热问题，我们应该从两个方面去认识。

发热，是机体对入侵微生物及其他有害因子的一种本能反应。在一定限度内，体温升高的同时，必定伴随着白细胞数量的增多，白细胞的吞噬功能相应地得到了加强，宝宝体内抗体的产生就更加活跃，肝脏解毒功能亦相继增强，为机体各项代谢速度的加快创造了有利条件。因此，如果孩子得了急性感染性疾病，体温出现升高现象，是孩子机体的防御反应，是好现象，这是问题的一方面。

但是，体温每升高 1℃，基础代谢率就要增高 13%。体温过高，长时间得不到缓解，可以使得营养物质过多地被消耗，形成新陈代谢障碍。同时，发烧会使消化液减少，导致食欲不振、腹胀、腹泻等；发烧时氧的消耗增加，机体产热过多过快，会使孩子的心跳加快，心血管负担加重；更值得注意的是，如果孩子的产热中枢神经处于高度兴奋状态时，可能会出现抽风（医学上称为惊厥），不及时处理会对大脑产生损伤，所以，妈妈必须学习小儿发热的一些常识和家庭紧急处理方法。

常用的物理降温方法有以下几种：

①温水浴：用 32～36℃的温水擦浴或浸浴。温水浴能刺激皮肤，使毛细血管扩张，血流加快，散热增加，还能扩张汗腺，易于出汗，从而迅速有效地降低体温。用温水浸浴时，应让患儿全身浸入水中，一般每次 5～10 分钟。出浴盆的时候，须及时将孩子身上的水擦干，披上浴巾，防止着凉。

②冰水袋降温：这是最适合家庭、最有效的方法，也是最安全的方法。有电冰箱的家庭，可从冰箱里取一些冰块，砸成核桃大小的碎块，放入盆中，用水冲一下，溶去锐利的棱角，将冰水装入热水袋或橡皮手套或结实的塑料袋中（需双层以防漏水），挤出空气，拧紧或扎紧袋口，外裹布或毛巾。将冰水袋放在高热患儿的颈部两侧、腋窝、腹股沟等大血管走行的地方，大量的血液经过此处，可迅速达到散热降温的目的。同时，头部枕一个冰水袋，以尽快降低头部温度，以免高热对神经系统产生损害。最好有数块毛巾，交替使用。每次敷 2～3 分钟，即可更换一次，连续湿敷 15～20 分钟。同时，注意观察宝宝反应，并记录。

③20% 酒精擦浴：稀释的酒精擦浴可使体表皮肤毛细血管扩张，散热增加，迅速降温。擦浴时，用毛巾或手帕蘸取配好的稀释的酒精溶液，先从一侧颈部开始，自上而下沿上臂外侧擦至手背，再从腋下沿上臂内侧向下擦至手掌心，擦完一侧，再以同样方法擦另一侧。擦下肢时，要从大腿外侧至足背，再从腹股沟沿大腿内侧擦至脚心。擦腋下、掌心、腹股沟和脚心时，应稍用力，擦至皮肤微红为好。一般不擦拭前胸和颈背部。切忌用酒精原液擦拭，以免发生严重不良反应。

值得提示的是，若高热患儿皮肤黏膜有出血点、怕冷、发抖等症状时，不能用稀释酒精进行皮肤擦浴。物理降温时，要注意观察患儿的全身情况，降温不宜过快，也不宜降得过低，一般降至 38℃以下即可停止，这样的温度不会对宝宝造成大危害。继续观察，如果患儿精神不佳，高热不退，要及时看医生。

83. 宝宝隐睾会不会影响生育?

Q 我家宝宝出生时,医生说有隐睾,我很着急,什么是隐睾?会不会影响生育?

A 胚胎时期,睾丸位于后腹腔内,大部份男胎儿在妈妈体内约 8 个月大时,睾丸会沿着腹股沟管下降至阴囊内。所以正常男婴的睾丸是位于阴囊内的。如果触摸阴囊时,未能发现睾丸,就有可能是所谓的隐睾。隐睾的病人未降的睾丸大部份在腹股沟,可以自行下降。极少数在后腹腔,有可能终生不能下降至阴囊。因为睾丸未降入阴囊内,所以阴囊有时会左右不对称。其发病情况为:刚出生的早产儿约 30% 会有隐睾;足月新生儿约为 3%;腹股沟内的隐睾多数在 3 个月内下降至阴囊,大多数不会影响生育。

另外,阴囊摸不到睾丸不都是隐睾,还有以下情况:①收缩性睾丸:这并非真的隐睾症,而是平时睾丸位于阴囊中,但若天气寒冷、紧张或其他刺激使提睾肌收缩时,会把睾丸从阴囊拉到腹股沟,刺激消失时睾丸就会恢复正常位置。这是正常现象,年龄稍大后就会改善。②无睾症:因先天或后天因素一侧或两侧睾丸缺少,较少见。

阴囊内的温度约比体温低 1℃,这个略低于体温的环境是睾丸内精子发育所必需的,有研究显示,隐睾在腹腔内者,会对睾丸制造精子的功能造成永久性的损伤,若两侧皆为腹腔内隐睾,家长又不知情,未及时治疗会导致患儿日后不育。

84. 宝宝脸上有白斑是白癜风吗?

Q 现在宝宝 1 岁半，脸上出现了两处圆形白斑，我十分担心。是"虫子闹的"吗？还是"白癜风"？将来会不会越来越严重？有办法治疗吗？

A 一般来说，妈妈所说的白斑在医学上称其为"白色糠疹"，是小儿最常见的皮肤白斑病。病因不明，可能与营养缺乏、肠寄生虫病、阳光暴晒、皮肤干燥等诸多因素有关。白色糠疹多发生在面部，个别患儿发生在颈、肩部及上肢。多在春季起病，夏季加重，秋季消退。白斑数目多少不一，形状多为圆形或卵圆形，呈灰白色，直径 3～5 厘米，与正常皮肤界限不太清楚，表面有细糠状鳞屑。患儿无自觉症状，或有轻度瘙痒感。如果孩子有不清洁的进食经历，或希望除外肠道寄生虫感染，不妨带孩子到医院做大便的虫卵检查，看看是否需要服驱虫药，或带宝宝看皮科医生。

有些贫血的孩子也会出现局限性白斑，是由于局部组织缺血引起的。多数情况是在孩子出生后即存在，也可迟至儿童时期发生。

脸上的白斑还有一种情况就是"白癜风"，它是一种后天皮肤色素脱失病。病因不明，可能与遗传及自身免疫反应有关。发病多为年长儿，皮肤病变表现为纯白色，白斑与正常皮肤的界限特别清楚，可发生在身体的任何部位，多见于面部、颈部、手背、躯干、外生殖器等处。白斑可不断扩大，也有的多年处于静止状态，最后不治自愈。

85. 宝宝出水痘时如何护理?

Q 宝宝皮肤上亮晶晶的水疱，是出水痘了吗？如何护理才好呢？要吃药吗？

A 亮晶晶的水疱可能是水痘，最好请医生明确诊断。水痘是一种较轻的急性呼吸道传染病，是由水痘 - 带状疱疹病毒引起的，多发生于 6 个月以上的婴幼儿和学龄期的儿童，冬春季节患病率高。传染源来自病人（水痘病人和带状疱疹病人），通过接触或呼吸道飞沫传播。起病快，可伴有发热，起病当日可见头皮发际处、面部、身上有红色斑疹或斑丘疹出现，于 6 ～ 8 小时内疹子很快变成表浅的水疱疹，水疱疹通常直径为 2 ～ 3 毫米，绕以红晕，疱壁薄，很容易破裂，24 小时内，疱液从清亮转为云雾状，3 ～ 4 天后疱疹逐渐结痂。

皮疹分布特殊，呈向心性分布，即头、面、躯干多，四肢远端少；皮疹陆续出现，呈现新旧皮疹同时存在的现象，在一个病人身上可见到斑疹、丘疹、水疱疹和结痂等各期皮疹同时存在的情况，病程一般 10 ～ 14 天，大部分皮疹结痂脱落痊愈，不留瘢痕，但是抓破会留下瘢痕。水痘的合并症不多见，病后可获得终身免疫。

对于本病，目前尚无特效治疗，最重要的是加强护理。

患水痘期间，要做好隔离工作，让孩子好好休息，多喝水，多吃些清淡的食品，不要吃鱼、虾等食品，要保持室内卫生、空气新鲜、温度适宜；勤换衣服并剪短指甲，以免孩子用手抓破皮疹，造成感染，留下瘢痕。皮疹局部可涂以2%龙胆紫。皮肤有瘙痒感时，可擦皮科常用止痒剂，如炉甘石洗剂或5%碳酸氢钠液。

1周岁以上未患过水痘的小儿，可接种水痘减毒活疫苗（威可檬），或遵医生嘱咐。

86. 如何分辨"疹子"病?

Q 孩子发热后全身出了疹子,很痒,浑身不舒服,烦躁,哭闹,这是什么病呢?要不要看医生?看哪科医生?

A 皮肤出疹,家人常常误认为是皮肤病,不以为然。实际上,小儿急性传染病多数以出"皮疹"为特征,例如麻疹、风疹、水痘、猩红热、幼儿急疹等。妈妈如果能够仔细观察,掌握皮疹出现的时间、部位、形状、颜色等,既可以在一定程度上防止孩子之间发生交叉感染,也可以为医生正确诊治提供有用的信息。以下以表格形式提示,也许能节省家人阅读时间,看起来更明了些。

传染病	皮疹出现时间	症 状
麻疹	发热 3 ～ 5 天后出现	发疹初期,在口腔内颊部黏膜处可看到几个白色斑点,又名"麻疹黏膜斑"。麻疹的皮疹起初在耳后、颈部、发际,然后迅速向面部、躯干、四肢、手心、足底扩散。初起时为鲜红色、稍高出皮面的斑丘疹,以后逐渐增大加密,颜色也变为暗红色。皮疹增多时可互相融合,但皮疹之间仍可见到正常皮肤。皮疹一般在 2 ～ 5 天内出齐,然后按出疹的先后依次消退,遗留下棕褐色斑,并有脱屑
风疹	发热 1 ～ 2 天就出现	24 小时内即可遍布全身,为淡红色斑丘疹,分散稀疏,持续 2 ～ 4 天后消退,不留任何痕迹。出疹时,头后枕部和耳后淋巴结可肿大

传染病	皮疹出现时间	症　状
水痘	发热 1 天后出现	先见于躯干部及头部，然后逐渐蔓延至面部与四肢。皮疹以胸、背、腹部为多，面部、四肢较少。初起为小红点，很快变为高出皮面的丘疹，再变成绿豆大小的水疱，水疱壁较薄且容易破，周围有红晕，疱液为清水样，以后变混浊、结痂。皮疹可在 3～5 天内分批出现，故在孩子身上可同时见到丘疹、水疱、结痂
猩红热	发热后 1～2 天出现	开始出现于耳后、颈部、上胸部，1～3 天内便可蔓延至全身，皮疹特点是在全身皮肤潮红的基础上，布满针尖般点状红斑，用手压之会褪色，但面部无皮疹；口唇周围苍白，常呈"环口苍白圈"；舌面鲜红如杨梅。皮疹在 2～4 天内即可消退，并发生细碎状脱皮或大片的脱皮
幼儿急疹	高热 3～5 天后出现	呈玫瑰色，1 天内出齐，常先出于颈部和躯干，以后逐渐蔓延至四肢；皮疹广泛、对称；皮疹一般在退热时或退热后才出现，1～2 天后皮疹消退，无脱屑或色素沉着

87. 如何防治"手足口病"?

Q 幼儿园里有好几位宝宝都患了"手足口病",我担心自己的宝宝也会被传染,怎么分辨是否患了"手足口病"? 如何预防呢?

A 手足口病,是因感染了柯萨奇病毒引起的,常见于 2 岁以下的婴幼儿,有时也会在幼儿园及小学中流行。一般发生在夏秋季,以 6 ~ 8 月份多见。

患手足口病的婴幼儿,在潜伏期有轻微的咳嗽、流涕、流口水,低烧 1 ~ 2 天后,开始出皮疹。典型的皮疹分布在手掌、脚底板和口腔黏膜等部位,有时在膝盖和臀部也出一些皮疹,但几乎不会扩散到全身。

皮疹呈红色粒状,中央有珠光色透明的小疱疹,小疱疹 2 ~ 3 天会吸收,不结痂。口腔内出疹严重时,口水就会增多。本病病情较轻,一般不会引起并发症。为预防交叉感染,最好就近看医生,不要抱着孩子四处乱投医。一般 7 ~ 10 天可痊愈,不会留下后遗症。

口服中药板蓝根冲剂和多种维生素,外用炉甘石洗剂擦拭皮疹处止痒,效果较好。

由于本病是通过呼吸道和消化道传染,所以,在流行季节要少带宝宝到公共场所游玩,做到饭前、便后洗手,对餐具、生活用品、玩具等定期消毒。本病无免疫性,得了本病后,如不注意预防,还可再得。

88. 宝宝皮肤干燥、掉皮，怎么治？

Q 天气变化，宝宝的皮肤很干燥，给他擦润肤油、护肤霜，但是效果不是很理想，还有什么方法可以改善宝宝干燥的皮肤呢？

A 无论大人还是孩子，皮肤干燥、掉皮都会引起瘙痒。建议去皮肤科看看是否存在"干性湿疹"，如果是，则需要使用干性湿疹的护肤制剂；如果属于皮肤干燥，在气候干燥时，孩子洗澡不要太勤，洗澡不用浴盆，洗澡水不要过热，更不能用碱性皂类，清水洗就可以了，洗澡后和睡前涂抹润肤露。衣着要使用纯棉制品，不要用肥皂或洗衣粉洗衣服，最好使用儿童专用洗衣皂或液，用中型洗衣液洗后注意漂洗干净。家中注意湿度，多饮水，多吃蔬菜、水果，可适当服用些复合维生素，女孩子小便后应该擦干净尿液，会阴部潮湿会引起瘙痒。

89. 步态怪异是什么问题?

Q 2 岁宝宝终于会走路了，但是，怎么看宝宝走路的姿势也很别扭，总是跌跌撞撞，像鸭子一样走路，这是怎么回事呢?

A 能比较自如地行走是 1 岁多孩子的重要成果。对于孩子来说，学会走路给他的生活带来了可喜的变化，尽管走起路来晃晃悠悠、摇摇摆摆，但是走路的积极性却是很高。

如果孩子走路时的步态正常，他只是不如别的小朋友走得稳时，妈妈不必着急，可以通过游戏的形式，鼓励孩子多练习，练习多了，孩子掌握平衡能力会不断地提高，走路会越来越棒。妈妈可以和孩子一起玩耍"赛跑"、"钻山洞"、"扔球"、"接球"的游戏等，调动孩子对运动和行走的积极性。孩子在上、下楼梯时，尽量少去扶楼梯的栏杆，鼓励一步一步迈上去。告诉他你会始终在他身边，不会跌跤。每当孩子有一点进步，都要及时给予赞扬。妈妈还可在地上画上长长的斑马线，让孩子踩着线向前走和向后退，这样都会促使孩子走得越来越稳。

到了 18 个月以后，一般来讲，孩子都可以走得比较稳了，而且他还逐渐学会上、下楼梯，会把脚跟抬高，开始练习跳高，虽然跳不起来。如果到了该正常走路的年龄阶段，孩子走路仍然不稳，动不动就跌跤，走起路来样子怪怪的，妈妈就需要注意找找原因，主要是细心观察孩子走路时的步态和上下肢协调是否正常。

如果孩子走路步态异常，通常是与神经系统疾病有关系。例如脑性瘫痪的患儿，孩子走起路来两只小腿会向内交叉，呈剪刀样的步态，脚尖着地走路，双侧肢体动作不对称，腿发软或者发僵，双上肢或者一侧肢体发僵或者不协调等;如果是由于小儿麻痹或脊髓的病变或先天性髋关节脱位造成的，孩子的步态往往会呈现跛行；还有一种感觉性共济失调的孩子走路也容易摔跤。

总之，孩子总是跌跤，步态怪异，应及早带孩子看小儿神经专业的医生，并进行相关的检查，以便及早发现异常，及早治疗。

90. 如何预防宝宝误服异物？

Q 宝宝 13 个月抓起什么都往嘴里塞，一次将一枚硬币吞食了，怎么也抠不出来，第二天才随大便排出来，急死人了，如何预防宝宝乱吃异物呢？

A 误服异物通常见于 1～3 岁的宝宝，处在口腔期的小儿容易将随手拿到的东西放进嘴里玩耍，误吞入胃或吞咽时卡到气管或食道的例子并不少见。家中常备药物及对小儿有毒害药物，如果管理不善，也会导致儿童中毒。所以，预防幼儿误食异物是非常必要的。一旦发生，应及时就近求医，如果医院离家较远，在呼叫救护车的同时应进行现场急救。

日常生活中，父母一定要做好防御措施，避免宝宝误服异物：

（1）父母不要给宝宝吃果冻、花生、瓜子、汤圆、荔枝等不适合孩子吃的食物，有核的水果，如枣、山楂、橘子等，一定要经过加工，制成适合宝宝吃的食物，并喂食。

（2）父母要注意宝宝爬行的地面上是否有小物品，只要直径未超过 3.17 厘米（约喉咙的宽度）、长度小于 5.17 厘米的小物品，如钮扣、大头针、曲别针、手表电池、气球、豆粒、糖丸、硬币等，都要拿开。

（3）仔细检查玩具的零部件，如娃娃眼睛、小珠子等有无松动。

（4）家中常备药品应放置在宝宝无法拿到的地方，瓶装药品标签鲜明，不要与食物放在一起。

（5）家中不要用空的饮料瓶存放有毒或有强烈腐蚀性的液体，以防宝宝误服。

91. 如何预防食物过敏？

Q 宝宝突然身上出了许多红疹子，我赶紧带他去了医院就诊。医生说可能是食物过敏。哪些食物会导致孩子过敏呢？我又要如何预防呢？

A 食物过敏是指宝宝吃了这种食物会引起过敏反应。可以表现为：湿疹、荨麻疹（在皮肤上出现风团块样疹子）、血管神经性水肿，甚至有些人还会有腹痛、腹泻或哮喘。

两三岁的宝宝，能吃的东西种类已经很多，在调整食谱时要注意避免摄入致敏食物，尤其对过敏体质的宝宝，例如平时就常患湿疹、荨麻疹，甚至哮喘的宝宝，更要加倍小心。如果吃了致敏食物会使病情复发或加重。

哪些食物容易使孩子过敏呢？如果宝宝一吃某种食物就会出现上述症状，而停止后症状就消失，再次食用后又会出现同样的症状，那么就可能对这种食物过敏。家长如果不能肯定可以请教医生，或者在医院做皮肤过敏试验、食物负荷试验或通过取血检查过敏原来协助诊断。

一般来说，最常引起过敏的食物是异种蛋白食物，如螃蟹、虾、鱼类、动物内脏、鸡蛋（尤其是蛋清）等；有些孩子对某些蔬菜也过敏，比如扁豆、毛豆、黄豆、蘑菇、木耳等豆类和菌藻类；有些香味菜如香菜、韭菜、芹菜等也会引起过敏，因个体而异。

如果您的宝宝是过敏体质或对某种食物过敏，最好的办法就是在相当长的时间内避免吃这些食物，但不是终身不能吃，经过 1～2 年，孩子长大一些，消化能力增强，免疫功能更趋于完善，有可能逐渐脱敏。您可以让孩子先少量地吃一些试试，如果没有反应，可以逐渐加量，但不可操之过急，免得引起病症复发。

92. 宝宝被宠物抓伤或咬伤怎么办?

Q 邻居家养了一只小猫,特别可爱,我家宝宝特别喜欢逗小猫,不料却被小猫抓伤了,怎么办?要去医院打针吗?

A (1)宠物猫:目前猫已经是许多家庭的宠物,有时猫会和孩子逗乐,使孩子喜欢玩猫。其实,孩子玩猫会引起许多传染病,可能对孩子健康带来伤害。

猫身上常常寄生真菌,当孩子的皮肤有损伤,或因皮肤多汗及潮湿时,真菌就会侵犯小儿皮肤,使孩子头部、面部、颈部、胸部等部位发生真菌感染,如果不及时治疗,病程较长,可在自己身体各处反复传染或传染他人。猫消化道也可感染寄生虫,最多的可达十多种。这些寄生虫可以通过接触,经口腔或者皮肤进入小儿机体。有的猫身上有跳蚤,当它咬人吸血时,可将鼠疫或斑疹伤寒等病原体传入人体,使孩子得病。

猫的爪子很厉害,当孩子被猫抓伤或咬伤后,可引起全身性感染,称"猫抓病"。重者危及人的生命。因此,妈妈应注意,不要让孩子玩猫。

(2)宠物狗:狗不仅机警,灵敏,而且对主人忠诚,深受人们的宠爱,以致现在不少家庭养了狗。喜欢养狗本无可非议,但是如果你的家里有幼儿,最好还是不要养狗,有的狗表面上看不出什么病态,其体内却带有病毒、弓形虫等,对人类特别是小儿危害很大。

当小儿用手抚摸狗时,小儿手会沾染弓形虫,饭前不洗手就可能将其食入体内,而狗的粪便如果污染食具、物品,也会引起弓形虫感染;小儿喜欢小狗,小狗也喜欢用舌头舔小孩子,以表示亲热,小狗和小孩常常追着玩耍,但快乐的同时也会被狗咬伤。如果是一条健康的狗，咬伤后是一般外伤，但如果被患狂犬病的狗咬伤，狂犬病毒便会进入小儿体内。一旦患狂犬病治疗不及时，后果非常严重，死亡率很高。

　　如果家中养狗，就应给狗定期注射狂犬疫苗，养狗者不要与狗共用餐具、亲吻、同床共枕，以防狗的唾液污染衣物。万一被狗咬伤，应立即送医院认真处理伤口。不论是否病狗咬伤都应尽快（咬伤后2小时内）到当地防疫部门注射狂犬疫苗，以预防狂犬病的发生。因狂犬病的潜伏期很长，一般15～55天，甚至数年，故不能麻痹大意。

93. 宝宝跌伤后如何处理?

Q 宝宝膝盖跌伤,又红又肿,而且一碰就哭着喊疼,走路也喊疼,是什么原因呢?要打针、开刀吗?

A 宝宝睁开眼睛就是折腾,随着活动范围的扩大,磕磕碰碰的几率也就大大增加了,跌伤撞伤也是难免的。作为妈妈,在注意安全防范的同时,也必须学会家庭急救方法,即便摔伤,也不致于造成太大的伤害。

如果摔伤处出现瘀血或血肿,家人最善用手乱揉。认为揉几下就会减轻孩子的伤痛。其实,这样做会促使摔伤处皮下血管破裂,加重出血,以致血肿形成。因为跌伤处受到外力作用之后,有可能正处于渗血阶段,这时再增加揉搓的外力,就会增加出血量,若伤势较重并伴有骨折等情况时,胡乱搓揉,可能还会引起骨折的断端刺到患处深部的血管及神经,使病情加重,造成不良后果。

当孩子走路不小心跌伤的时候,如果发现受伤处的表皮下有血肿形成,此时妈妈可以用塑料袋装几块冰,然后用小毛巾包好,轻放在受伤处,可以起到止血、止痛、减轻肿胀的作用。在瘀血处涂上烧开备用的猪油,可不留痕迹;如果表皮擦破,可以在受伤处涂点"碘伏"或用"安尔碘皮肤消毒剂"消毒伤口周围。数日之后,伤口会结痂。期间,不要让孩子用手去抠,应等待结痂自行脱落。若孩子诉说伤口痛或妈妈看到伤口周围有些红肿,提示有感染的可能,最好带孩子到医院请医生处理一下伤口,必要时用抗生素。

如果孩子是从高处跌落下来,有头部撞伤,妈妈千万不可掉以轻心,要细心观察,如果孩子哭过之后总想睡觉,就一定要带孩子去医院诊治,不可耽误。

94. 怎样预防、急救宝宝烫伤?

Q 孩子不小心被开水烫伤了，大腿上起了好多的水泡，能用针挑破吗? 如何正确处理呢?

A 烫伤是婴幼儿时期经常发生的意外伤害。烫伤对孩子的危害与烫伤的部位、烫伤的程度有关。

严重烫伤是导致孩子终身残疾的原因之一。严重烫伤的发生多数与父母的疏忽或无知密切相关。所以，父母及养育者必须自学急救知识和技能，并经常练习急救方法，一旦宝宝被烫伤，你就有能力把对孩子的伤害化解到最小，不至于慌乱误事。

谨防烫伤，预防为主:

（1）寒冷的冬季使用热水袋保暖时，热水袋外边用毛巾包裹，以手摸上去不烫为宜。注意热水袋一定要拧紧，经检查无误才能放置于包被外，要定时更换温水，既保暖又不会烫伤宝宝。

（2）给宝宝洗澡时，应先放冷水后再兑热水，水温不高于40℃。热水器温度应调到50℃以下，因为水温在65℃～70℃时，2秒钟之内就能严重烫伤宝宝。

（3）暖气或火炉的周围一定要设围栏，以防孩子进入。

（4）将厨房的门上锁，不要让宝宝轻易进入厨房。

（5）将可能造成烫伤的危险品移开或加上防护措施，如热水瓶不要放在桌子上；熨斗等电器用具要放在孩子够不到的地方；桌子上不要摆放桌布，防止孩子拉下桌布，弄倒桌上的饭碗、暖瓶而烫着自己。

（6）家庭成员要定期进行急救知识培训，并检查落实情况。时常提醒孩子自我防烫伤。如看见孩子想用手去摸暖气、热饭碗、火炉等，大人可以赶紧先将自己手指触一下这些东西，然后急忙缩回，一边装着很烫的样子，一边喊"烫"、"疼"，孩子看后，就不敢动手去摸了。

一旦发生烫伤，要保持冷静，快速进行急救，尽最大程度减少对宝宝的伤害，不要给孩子留下终生遗憾。

（1）立即轻轻地脱去被热水浸透的衣服，或是用剪刀剪开覆盖在烫伤处的衣服、鞋袜等。如衣物和皮肤粘在一起时，先将未粘着的衣物剪去。粘着的部位去医院进行处理，不可用力拉或脱，以免加重局部的创伤面积。

（2）先用凉水把伤处冲洗干净，然后把伤处放入干净凉水中浸泡15～30分钟。一般来说，浸泡时间越早，水温越低（不能低于5℃，以免冻伤），效果越好。伤处已经起泡并破了的，不可浸泡，以防感染。如果是脸或额部等不能用凉水冲洗的部位，可用毛巾进行湿敷。

（3）冲洗之后在伤面上涂抹烫伤膏，一般不需要包扎，切忌用紫药水、红汞或其他东西涂搽，以免影响观察创面的变化及感染。

（4）如果已出现水疱，不要把水疱弄破；水疱较大或水疱已破，最好到医院进行消毒处理。

（5）紧急处理后尽快带宝宝去医院诊治，尤其是烫伤发生在脸、手、腿、生殖器等部位。

95. 孩子尿频是怎么回事?

Q 孩子有尿频的习惯,有时大约5分钟就要尿一次,有时1个小时有4、5次,白天最多隔半个小时,这是怎么回事?

A 孩子尿频,尿量少,为尿道口的问题。男孩多为包皮过长,包住龟头,包皮内有尿碱潴留,刺激龟头,引起撒尿频繁。应经常将包皮上翻,用清水清洗干净。如果龟头充血发红,就用0.9%淡盐水浸泡清洁,每日2～3次。神经性尿频主要表现为每天排尿的次数增加而无尿量增加,尿常规检查正常,排尿次数可以从正常的每天6～8次增加至20～30次,甚至每小时10多次,每次排尿量很少,有时仅几滴;入睡后,尿频完全消失;白天玩心爱的玩具、看喜爱的电视时,尿频明显减轻;常常入睡前、吃饭时,尿频明显加重。

神经性尿频患儿的排尿系统并无器质性疾病,膀胱容量正常,括约肌控制排尿的能力也健全。主要的原因是小儿的大脑皮层发育尚未完善,对脊髓初级排尿中枢的抑制功能尚较差,而且这一功能最脆弱、最易受损,这是小儿易患本病的内在原因。受惊吓、精神紧张会使神经调节功能失调,也会导致本病的发生。常常由家庭成员的突然死亡、环境变换(如新入托儿所、幼儿园、住院等)、突然离开父母、害怕打针等急性紧张或焦虑所诱发。此外,液体摄入量过多和使用利尿药物,如咖啡因、茶碱类等,也可引起尿频。

发现孩子有这种情况,妈妈不要太紧张,采取忽略、淡化态度比过度关注好得多。如帮孩子设计喜欢的游戏、运动,不要用眼神、行为、语言提醒孩子撒尿。将两次排尿间隙时间尽可能延长,以减少排尿的次数。并记录每天两次排尿间隙的最长时间，如有进步，继续努力。对于大孩子，医生的话很重要，比如说"你一切都正常，喝的水在身体流动，尿一大泡尿就没尿了，不需要总上厕所撒尿"，会使患儿的症状得到明显改善。大部分患儿在治疗后数日内，会神奇般地被治愈。必要时，在医生指导下使用阿托品，可使膀胱逼尿肌松弛，括约肌收缩，增加膀胱蓄尿量，减少排尿次数。

96. 怎样对智商低的宝宝进行教育？

Q 我的宝宝2岁半时测定智商是80，我该怎么对他进行早期教育？

A 2岁半的宝宝已经做了智商测试，不知你选用的是什么智力量表。经中国修订、具备较好的信度和效度并且测试起点年龄是2岁宝宝的量表，应该是《中国比内测验》。该量表的智商分布显示，90～109分为中等智商，理论百分数是46.5%，80～89分为中下智商，理论百分数是14.5%。

智商水平既受先天因素的影响，也受后天环境和教育因素的影响，0～3岁的早期教育对于提高宝宝智商水平具有不可替代的重要意义。早期教育的关键是针对性、跟进性潜能开发训练。即通过丰富的感官刺激输入信息，培养宝宝的各种感官能力，让他的眼睛多看、耳朵多听、嘴巴多说、小手多操作、小腿多运动，丰富他的亲身感受，积累较多的直接经验，这期间还要锻炼宝宝的手眼协调、手脑协调以及全身感官的协调能力，这将为宝宝的思维发展奠定不可或缺的基础。但是宝宝以上感官的活动能力特别需要妈妈的带动，妈妈要多刺激、多鼓励、多示范、多教导。教育史上有一个著名的智力开发案例就是卡尔·威特的早期教育，讲述了一个出生时智力低下的婴儿，经过科学的早期教育，成长为一个智力卓越的人才。

97. 说话晚的宝宝会不会是自闭症?

Q 宝宝 27 个月了，还不是很会说话，胆子小，怕见生人，这样下去会不会得自闭症呀?

A 自闭症的早期发现一般都是在 2 岁左右，所以这个月龄的孩子如果说话晚，容易让妈妈担心孩子是否有自闭症，以下几个行为特征供你参考判断，但不能取代专业测量与诊断。

父母与孩子沟通的时候，孩子虽然不会说话，普通的孩子会看着父母的眼睛倾听，而自闭症孩子可能看着嘴巴或者很少倾听父母。普通的孩子在 2 岁左右怕见生人，而自闭症的孩子不怕生人，还会跟着生人走。自闭症的孩子还对一些机械、刻板、重复的动作和行为长时间兴趣浓厚，不知疲倦，例如反复数数字、晃身体、转轱辘、荡秋千等，但是对其他事物，尤其是与人交往没有兴趣，很少出现与人的眼神、表情和动作交流。

98 孩子有时候会说谎，怎么纠正？

我们家人很注意孩子要诚实的教育，可是最近发现女儿学会说谎骗人了，让我很生气，怎么纠正呢？

99 怎样分辨宝宝的哭声？

现在很多父母不懂孩子为什么哭，包括身为"过来人"的奶奶、姥姥，普遍都认为宝宝吃饱了没有病就不该哭；哭了不是饥饿就是有病。所以一听宝宝哭就喂奶，如果还继续哭，就怀疑是否有了什么……

社交与情感

98. 孩子有时候会说谎，怎么纠正？

Q 我们家人很注意孩子要诚实的教育，可是最近发现女儿学会说谎骗人了，让我很生气，怎么纠正呢？

A 幼儿到了 3 岁以后，一般都有被家长认为"说谎"的事。导致幼儿说谎的原因是多方面的，但归纳起来，不外乎以下三种。

第一，因害怕训斥、挨打而说谎。幼儿对周围的一切事物都感觉好奇，尤其是家里刚买回来的东西，非要亲自动手拿一拿，仔细看一看，往往一不小心，就会弄坏东西，特别是贵重物品。这时由于幼儿内心紧张而产生恐惧心理，害怕受到父母的训斥和打骂，而不知不觉地开始说谎。例如：大班的甜甜一次在家中不小心把镜子打破了，妈妈回来后，问镜子是谁打破的，甜甜忙推说是邻居的宁宁打破的。由此可见，幼儿在做错事情以后，内心会受到一种压抑，担心受罚，从而产生恐惧心理，诱发其"说谎"，但"说谎"的技巧又不高明，令家长生气。

第二，因父母的教育方法不当。说谎，是一种不诚实的行为，发现幼儿说谎时父母应及时引导。但是，有时造成幼儿说谎的原因，往往就是平时父母的教育不当而导致的。例如：一天，中班的芳芳在幼儿园门口拾到 10 元钱交给妈妈，妈妈忙说："有人看见吗？"，芳芳："没人看见。"妈妈："那就放抽屉里吧。"这意味着没人看见就可以偷偷藏起来。更有甚者，看到孩子捡到钱，给孩子一个亲吻，或竖起拇指，以示真棒！父母的不诚实行为，不仅会对孩子产生潜移默化的影响，还会在他们的心灵上播下不诚实、自私自利、损人利己的种子。

第三，因有某种愿望而说谎。幼儿时期心理发育尚未健全，感知事物的能力和成人还有一定的差距。有时，幼儿常会把希望得到的东西当成已经得到的。这是由于孩子的心理活动和思维发展尚不完善，因而产生了"幻想"，并非真在说谎。例如：邻居小孩园园看到小朋友露露在玩小汽车，自己家里明明没有小汽车，却会不假思索地说："我爸爸给我买了好多小汽车，比你的好玩。"可以看出，这种说谎恰恰反映了孩子盼望小汽车的愿望。他并非真想说谎骗人。做父母的不能不加分析地责怪孩子，伤害孩子的自尊心。幼儿口中往往说的"我有"或"我比你怎么怎么"等等，常常不仅是在流露愿望，而且也是在掩饰愿望和克制愿望。

99. 怎样分辨宝宝的哭声?

Q 现在很多父母不懂孩子为什么哭,包括身为"过来人"的奶奶、姥姥,普遍都认为宝宝吃饱了没有病就不该哭;哭了不是饥饿就是有病。所以一听宝宝哭就喂奶,如果还继续哭,就怀疑是否有了什么情况,那么如何分辨宝宝的哭声呢?

A 在婴儿早期,可以说除吃、睡、排泄,最多的就是哭了。我们描述一个孩子的出生就是用"呱呱坠地"这个很形象的词,可以说宝宝是伴着哭声长大的。因为这时的宝宝,他还没有其他的表达方式,无论是饿了、冷了、热了、尿湿了、不舒服了、生病了,他都可能以哭来表示,如何辨别呢?

当宝宝饥饿时,哭声很洪亮,哭时头来回活动,嘴不停地左右寻找,并做着吸吮的动作。只要一喂奶,哭马上就停止。而且吃饱后会安静入睡,或满足地四处张望。

当环境温度冷时,宝宝哭声会减弱,并且面色苍白、手脚冰凉、身体紧缩,这时把宝宝抱在怀中保暖或加盖衣被,宝宝觉得暖和了,就不再哭了。

如果宝宝哭得满脸通红、满头是汗,一摸身上也是湿湿的,被窝很热或宝宝的衣服太厚,那么减少铺盖或减衣服,宝宝就会慢慢停止啼哭。

有时宝宝睡得好好的,突然大哭起来,好像很委屈,赶快打开包被,噢!尿布湿了,换块干的,就安静了。咦?尿布没湿,那怎么回事?可能是宝宝做梦了,或者是宝宝对一种睡姿感到厌烦了,想换换姿势可又无能为力,只好哭了。那就拍拍宝宝告诉他"妈妈在这儿,别怕",或者给他换个体位,拍拍屁股,他又接着睡了。

　　还有的时候，宝宝不停地哭闹，用什么办法也没用。有时哭声尖而直，伴发热、面色发青、呕吐，或是哭声微弱、精神萎靡、不吃奶，这就表明宝宝生病了，要尽快请医生诊治。

10Q. 怎样与刚出生的宝宝做游戏?

Q 宝宝刚出生，跟这么小的孩子玩什么游戏能让他变得更聪明?

A "聪明"的本意就是"耳聪目明"，对于刚出生的宝宝来说，就更应该从"耳聪目明"的角度为宝宝未来的聪明才智打基础。新生儿的大部分时间都是睡眠，当他处于觉醒状态的时候，就抓住时机给宝宝有利的视觉、听觉、触觉和动觉刺激。例如在宝宝躺着能看见的天花板上牢固而安全地悬挂颜色鲜明并能运动的玩具，对宝宝的视觉发育是很好的刺激；新生儿还喜欢看人脸，妈妈照顾宝宝的时候，距离他近一些，并说一些简单的、柔美的话语，例如"宝宝，妈妈爱你!""宝宝是妈妈的小心肝儿!"这对宝宝都是很美的视觉与听觉享受，还有利于他的情绪稳定。秋天和夏天把宝宝放在小车上，他特别喜欢看摇动的树叶，但是注意不要让宝宝的眼睛受强烈阳光的刺激。如果是晚上或者阴天的时候，可以拿一个手电筒在天花板上照来照去，宝宝的眼睛会追随灯光的影子，激发他的探索欲。另外，给宝宝提供便于抓握的玩具，对他的小手、小脚、小腿进行抚触……总之，有利于刺激感觉器官发育的游戏都会为宝宝更聪明做出贡献。

101. 新妈妈怎样消解焦虑情绪?

Q 刚做妈妈,我有时感觉很不适应,着急的时候会对宝宝大声喊一嗓子,发泄发泄,后来听专家讲座说这样会对孩子的终身造成不良影响,是这样吗?宝宝那么小,他记得住吗?我应该怎样做,才能弥补自己的过失?

A 第一次做妈妈是对女性人生的一个挑战,会遇到很多心理不适应的状况,偶尔对宝宝发泄一些垃圾情绪也是在所难免,但愿这是"偶尔",不是"经常",否则确实会对孩子的终身造成不良影响。也许很多妈妈觉得孩子这么小也记不住,应该不至于这么严重吧。持有这种看法的人是对婴儿和人的心理特点不太了解。人的心理分为意识和潜意识两大类,意识是人能回忆起来的心理内容,它被我们所知觉;潜意识则是人不能回忆起来的心理内容,它虽然不被我们所知觉,但它像一个大仓库一样储存一个人一生所有的经历和体验,进而对我们的心理和行为产生重要影响。例如一件不愉快的事情,其发生的原因、过程和结果等具体内容天长日久可能被遗忘了,但它作为一次不愉快的经历将储存在潜意识的仓库里,类似的经历增多就会对人的情感、态度和个性产生影响,这就是长期生活在不和谐家庭的孩子性格孤僻、怪异的原因,正所谓"冰冻三尺非一日之寒"。因此,妈妈不要以为小宝宝不长记忆就随意制造出来一些不愉快的成长经历,如果妈妈因性情导致宝宝的消极经历,只要妈妈意识到自己的行为不合适,以后尽量避免发生类似事件,就不会对孩子的终身造成不良影响。

102. 新爸爸怎样抱宝宝？

Q 我们刚做家长，爸爸不是太会抱宝宝，尤其是爸爸把孩子抱得很低，说准确点不是抱，像是搬，笨手笨脚的，新爸爸怎么学着抱宝宝呢？

A 抱孩子确实是一个技术活儿，因为宝宝的身体很软，新爸爸非常担心自己生硬的动作伤害了宝宝，为了确保宝宝不被各种意外动作伤着，所以，有的爸爸像是端着宝宝，抱的姿势让人看着很不自然、不舒服。一般来说，妈妈因为经常喂奶，会更快地适应宝宝的状况，学会按照基本动作要领抱宝宝。新生儿头大身子小，颈部肌肉发育不成熟，不足以支撑起头部重量，所以抱他的时候一定要托住宝宝的头部。如果横着抱宝宝，让宝宝的头和肩部位于自己的手臂和前胸之间，另一手掌展开，自然托着宝宝的下半身。

如果竖着抱宝宝，要先用包裹将他的身体裹起来，用手托住他的颈部。由于爸爸的手臂肌肉力量强于妈妈，还有一种有利于拓宽宝宝视野的横抱法，让宝宝的脸朝下趴在爸爸的手臂上，这种姿势比脸朝上所看见的事物更多，因为天花板是光秃秃的、很单调，而地上有丰富多彩的物品，并且正在走动的腿被挪动的桌椅板凳等都会强烈地吸引宝宝的注意力，给宝宝的脑发育带来良好的刺激，但是宝宝刚吃饱的时候不要这样抱，以免吐奶。

103. 给刚出生的宝宝看什么书好?

Q 宝宝刚出生,我在书店里发现有许多黑白图案的大书,营业员说这是给婴儿看的,是这样吗?应该怎样使用它?

A 你所说的黑白图案的大书,原本是广泛用于发展心理学研究的实验素材,心理学家从中发现了婴儿认识事物的特点和潜能,现在把它出版为面向普通大众的图书,旨在开发婴儿的潜能,这个初衷是好的,但是家长要根据婴儿的客观发展规律正确使用这些图书。首先,家长可以用这些图案初测宝宝的视力发育是否正常。由于不能用视力表来检查 1 岁以内宝宝的视力,家长便可以用心理学研究领域的"偏爱法"进行初测。因为婴儿喜欢注视图案,对图案中人脸的注视时间更长,所以家长可准备有图案的书和没图案的白纸,有人脸的图案和没有人脸的图案,如果宝宝视力正常,就应该对前者注视的时间更长;否则说明宝宝的视力可能有问题,家长可以带宝宝到医院确诊后及早治疗。其次,可以用这些书促进宝宝的视力发育。婴儿对黑白对比明显的图案感兴趣,在婴儿清醒安静的时候,家长让宝宝坐在自己的腿上,打开书中的图案,在距离宝宝眼睛 25 厘米左右处缓慢移动,吸引宝宝的眼睛跟着看。如果他注意看了,他的眼睛会睁得大大的,一副很神气的样子,如果 10 秒钟后他闭上眼睛或把脸转开,就应该让他歇歇了。

104. 没时间教育宝宝怎么办?

Q 怀孕的时候读了不少早教书籍，感觉自己教育宝宝应该没有问题。现在终于做妈妈了，整天忙着应付宝宝吃喝拉撒睡那一摊子事情，觉得根本没有时间教育宝宝，我因此心情也很烦躁，怎么办?

A 如果宝宝出生以后发育正常，把他的吃喝拉撒睡都照顾好，这就是很大的功劳。来信中你把教育宝宝单独提出来，是不是指很多书中提到的教育方案，你觉得自己没心情实施？请不要烦躁着急。有了宝宝以后，书上的教育方案对你具有启发和参考价值，现在需要观察宝宝的生活规律和自然特点，然后把书上的方案与宝宝的实际情况结合起来，这是一项很重要的家教工作，需要一段时间。

你提到心情烦躁，这是一个关键信息，新生儿期不但身体发育迅速，也是情绪情感的发育期，大人的心情很容易影响到宝宝的心情，他会从妈妈的语气是否柔和、微笑是否频繁、反应是否及时等细节中体验到妈妈对待自己的态度，所以好心情是新妈妈教育宝宝的法宝。新妈妈可能因为没有把握清楚宝宝的生活规律而手忙脚乱，但是千万不要乱了自己对待宝宝的好心情。

105. 怎样让宝宝不揪妈妈的头发？

Q 我留的是长头发，宝宝5个月，我抱他的时候他总爱揪我的头发，我是不愿意剪短发的，怎样让宝宝不揪我的头发？

A 宝宝从出生以后，动作水平最高的首先是嘴巴和眼睛，嘴巴和眼睛的准确定位保证了宝宝有食物吃、有事物看；接着宝宝就该发展手的动作了，这样他可以用自己的力量在外界获得范围更加广泛的生活之源，所以5个月的宝宝喜欢用手抓、握、捏、揪，自动发展自己的手部力量。一把头发正好适合宝宝手抓，因此，抱宝宝的时候，为他提供细长的东西，他会紧紧抓住不放手，宝宝的手被其他东西占着，自然无暇顾及妈妈的头发了。

106. 宝宝爱揪小鸡鸡怎么办?

Q 儿子5个月了,最近老喜欢揪小鸡鸡,特别是脱裤子、换尿布、把尿、洗澡的时候,只要一有机会,他的手很快就揪起小鸡鸡,我很担心这样养成习惯对他的成长发育不利,该怎么办?

A 宝宝吸吮手指、舔自己的脚丫以及揪小鸡鸡,都是自我意识还没有发育完善的表现,他把身体器官当成了跟自己没有关系的玩具,不知道这是"自己的",更不知道保护它们。妈妈不必因此想到"性"、"手淫"等而大惊小怪,不要批评宝宝,也不要打他的小手,而是态度平静地把宝宝的小手拿开,并在他的手里塞一个小玩具供他把玩,或者带着宝宝做一个游戏,分散他的注意力。另外,不清洁或有炎症会让宝宝感觉痒痒而揪小鸡鸡,所以妈妈还要注意帮助宝宝清洗干净,并观察宝宝的鸡鸡是否有炎症。有的家庭喜欢男孩儿,可能出现拿小鸡鸡逗宝宝开心的行为,这会让宝宝对自己的鸡鸡产生浓厚的兴趣,妈妈注意以后不要再这样与宝宝逗乐。改变衣着也有助于宝宝改掉这个坏习惯,例如宝宝1岁以后就不要穿开裆裤了,夏天也不要总是光着小屁屁,而是穿上整裆的小短裤。

宝宝,妈妈在这呢!

107. 宝宝太依赖妈妈怎么办?

Q 宝宝6个月了，从出生开始就一刻也没离开过我，但我觉得他对妈妈太依赖了。只要我在家，他就让我抱，不要爷爷奶奶抱；他很聪明，即使半夜醒了，他不睁眼就能感觉到是谁在抱他，从爸爸手里换到我手里，他就安静不哭了，这样把我搞得很累，而且我很快就休完产假，该上班了，硬离开宝宝是不是挺伤害孩子的，怎么办呢?

A 宝宝依恋妈妈是正常现象，这种情况会一直持续到2岁以后，"累并幸福着"是这一阶段妈妈的感受，事实上，这时不但宝宝强烈地依恋妈妈，妈妈也强烈地依恋宝宝，生活、思维、情感的重心都会偏向宝宝。但是妈妈不用过分担心宝宝的适应能力，如果妈妈因为工作和生活的需要而暂时离开宝宝的话，宝宝会难过、会哭甚至会闹，但这种正常的分离和分离焦虑不会对宝宝造成伤害，反而是促进宝宝心智成长的正常经历。体验正常的、完整的普通生活，是宝宝身心健康发展的基本保证，妈妈不宜人为地给宝宝营造百依百顺的温室环境，这反而降低孩子对独立生活的理解力和抵抗力。同时，妈妈有意带领宝宝多参与新环境、多接触新人物，每次时间不长，但要频繁、多次，有利于宝宝对外界产生安全感，避免过度、过久地依赖妈妈。

108. 宝宝不认生是怎么回事?

Q 我的宝宝现在 6 个月了,从来都不认生,这是怎么回事? 孩子多大开始认生?

A 主动关注宝宝认生现象的发展状况,说明妈妈对宝宝的心理发育特点比较了解。确实如此,认生是宝宝智能发育的重要体现,它在宝宝 3 个月和 6 个月分别有不同的发展水平。3 个月的宝宝开始能够分清熟人和生人,也就是能把家里人和外人分清,6 个月的宝宝能在熟人中间分清谁是经常照顾自己的人。你的宝宝刚 6 个月,如果还没有达到认生的第二个发展水平,可以再观察两三个月,因为婴儿的个体差异比较大,个体之间有两三个月的差异属于正常现象。

值得提醒你注意的是,婴儿存在一种心理障碍叫孤独症(或自闭症),一般在 2 岁以后才容易被发现,其中的一个重要特点就是不认生,陌生人叫他,他就跟陌生人走,不但与人缺少语言交流,也缺乏目光交流。结合其他症状,最后被诊断为孤独症的宝宝需要接受心理矫治和特殊教育,妈妈对此不必太紧张也不要太大意,注意观察宝宝,有问题就早发现早矫正,没问题就与宝宝一起面对成长中的烦恼与快乐,享受亲子之情与亲子之乐。

109. 不认生的宝宝是否具有攻击性?

Q 宝宝 8 个月了,特别爱玩,也不认生,但是有一个毛病,就是喜欢打别的孩子,他会不会长大之后攻击性很强?

A 8 个月的宝宝尚不具有攻击和侵犯别人的意图,他"打别的孩子"还是因为想与人交往,但是又不会用口头语言表达,只好用肢体语言表达。他长大之后会不会攻击性很强,与妈妈是否掌握科学的教育方法有关。当宝宝"打别的孩子"的时候,妈妈要先解读宝宝的心理需求,并用简洁的语言帮宝宝翻译出来:"你是想与他玩吗? 那就与他握握手吧。"然后拉着宝宝的手学习握手。也可能是:"你是想要他玩的玩具吗? 不要动手抢,应该征求他的意见。"然后为宝宝示范征求意见的方法,如果对方不同意,就对宝宝

说:"现在小朋友在玩,你要等一等。"长期这样引导宝宝,他就会模仿妈妈学会正确的交往方式。还有的宝宝打人是过度防御心理造成的,当他对别人没有安全感的时候,会把别人走近他误解为要抢自己的玩具或者侵犯自己,这时妈妈要给宝宝解释:"他是想跟你玩,想跟你交朋友,你们交个朋友吧。"

11Q. 宝宝为什么害怕成年男人?

Q 我的宝宝7个月,是个男孩子,但是他见到成年男人就不敢看,低着头或者扭过头去,不理人家,但是见到小男孩没有关系,这是为什么? 妈妈应该怎么教育宝宝?

A 害怕是人适应外界过程中自然产生的一种常见情绪,每个宝宝在不同的年龄段都会有不同的害怕,至于有的宝宝为什么会怕这种事物、这种人,有的宝宝为什么会怕那种事物、那种人,与每个宝宝对某种事物或某种人的敏感度不同有关。不管是什么样的害怕,都是宝宝对所怕对象还没有产生足够的安全感所致,随着生活经验的不断丰富,随着宝宝对各种事物的了解及其安全感逐渐加强,宝宝能够自然而然地克服各种各样的害怕。但是前提条件是妈妈不要着急地强迫宝宝去接近他所害怕的对象,这会干扰宝宝自我成长的自然节奏,可能导致欲速则不达的相反结果。当然,如果宝宝的某种害怕影响了正常的生活,例如出现睡眠不踏实、食欲降低、腹泻等症状,则需要去儿童医院听听专业的咨询与建议。

161

111. 男孩子胆小怎么办?

Q 我家宝宝现在 7 个半月,是个男孩子,特别认生,见到来家里串门的朋友或是去一个不常去的地方就哭,有时候我们说话声音大了他会被吓哭,请问有什么好的方法可以使男孩子变得胆大一点? 我想带他去上早教班锻炼锻炼,但不知是否有效?

A 对于小宝宝来说,男孩子并不必然比女孩子胆大,胆量是后来社会化训练的结果。6 个月以后的宝宝正是怕生的时候,陌生的环境会让他感到害怕,妈妈不要以为这是孩子胆小的表现或是孩子的缺点,其实这正是 1 岁以内宝宝的正常特点,甚至是宝宝智力发展的表现。妈妈不要批评孩子的胆怯,而要特别有耐心,尽可能让他按照自己的节奏克服胆怯,在希望他有明显改善之前,先给他几个月的修整时间,在这段时间里,他的生活经验丰富了,才会感觉陌生环境原来没有那么可怕。1 岁以内的宝宝不宜长时间待在室内公众场所,如果上早教班,可以尝试小时制的早教活动,宝宝在自然适应陌生环境的过程中,对锻炼胆量有一定好处。

112. 宝宝生病之后变急躁了怎么办?

Q 宝宝8个月了,性格比较温和,前一阵子生病了,现在已经痊愈出院,但是她的脾气突然变得急躁起来,稍微不顺心就生气哭闹,这是怎么回事呢?是不是8个月的宝宝具有这种特殊性?

A 一般情况下,2岁左右的宝宝才会在性情方面出现比较大的变化,进入孩子人生的第一心理反抗期。8个月的宝宝在身心发展方面没有什么特殊性会导致他性情发生很大变化,除非出现一些特殊的生活事件,例如生病。宝宝生病的时候,很多妈妈都比较紧张和焦虑,对宝宝的要求百依百顺,妈妈的情绪、态度和过度关注让宝宝享受到了平时得不到的"特殊待遇",使她滋生了一些特殊心理需求。疾病过后,宝宝的身体恢复健康了,但是心理状态还没有完全恢复,可能比较娇气,有点要求不满足,就哭得像个泪人儿似的;可能脾气特别大,不像以前那样乖,总想迫使大人让着他。因此,妈妈不但要照顾孩子的身体健康,还要关注孩子的心理健康。病前别让自己的紧张情绪吓着宝宝,病中教育宝宝勇敢面对困难,病后与宝宝一起恢复平常心。

113. 单亲妈妈怎样带孩子?

Q 我是一个单亲妈妈,儿子已经8个月了,宝宝一天一天长大,没有父亲陪伴的宝宝以后会不会变得自卑?我不知道在宝宝懂事时如何讲父母离婚的事情,更不知道如何对宝宝讲他父亲的事,怎样让宝宝成为心理健康的孩子?

A 父母离婚的事情对8个月宝宝的情感还不会产生直接的影响,如果宝宝以后上幼儿园了,他就明白每个宝宝都有一个妈妈和一个爸爸,自己也应该是这样。如果他不知道自己的爸爸是谁,会对宝宝的心理产生消极影响。因此,两人离婚之后虽然没有夫妻关系,但亲子关系不能因夫妻关系的中断而中断,两人作为宝宝的妈妈和爸爸的角色依然存在,两人还要商量以适宜的方式履行职责,并且彼此尊重,不向宝宝施加自己对另一方的消极认识与消极情感,尤其是年轻的妈妈照顾宝宝很辛苦,但是妈妈的辛苦和奉献不能代替宝宝对父亲的需要。妈妈要以健康的平常心告诉宝宝:爸爸在另外一个地方住,妈妈天天跟宝宝住在一起,如果宝宝想见爸爸,妈妈可以送你过去。妈妈以平静的态度让宝宝明白每个人可以有自己不同的生活。

114. 宝宝不适应新看护人怎么办?

Q 宝宝8个月,一直是外婆照看,跟外婆的关系很亲密,喜欢外婆喂他,喜欢跟外婆睡,可是外婆有事要回老家两个月,由奶奶照看,宝宝却不适应奶奶,哭得厉害,还出现便秘,担心两个月后宝宝又不适应外婆了,怎么办呢? 这对宝宝有什么不良影响吗?

A 8个月宝宝的人际关系智能已经发育到不仅能辨别生人和熟人,还能在熟人中辨别出与自己朝夕相处的人,并把依恋都寄托在这个与自己有亲密关系的人身上,这时频繁地更换看护者,确实容易引起宝宝的情绪焦虑,以至引起便秘等生理反应,所以有稳定的看护者对宝宝来说是一件好事。但现实生活常常有可能更换看护者,宝宝出现焦虑也是正常的,如果看护者持续不断地与宝宝建立温暖、亲密的关系,宝宝稳定的心理状态可以很快恢复,短暂的分离焦虑不会给他带来严重的不良影响。所以妈妈要自信,不要因宝宝不适应而失去信心,做好交接工作,更快、更好地把握宝宝的个性特点,况且顺利度过一次分离焦虑的宝宝,人际关系智能的发展将会出现一次飞跃。

115. 如何为宝宝选择适合的玩具呢?

Q 亲朋好友送来很多玩具,宝宝对这些玩具有的喜欢,有的连碰也不碰。作为家长如何为宝宝选择适合的玩具呢?

A 对于婴幼儿来说,游戏就是生命,婴幼儿是在游戏中不断成长。而玩具在孩子的成长过程中始终扮演着极其重要的角色,它能锻炼肌肉,促进动作的发展,启迪孩子的心智。孩子在玩玩具的游戏中,不断体验到成功与失败,自由与规则,过程与结果,在满足玩的乐趣的同时,丰富了自己人格的内涵。

但玩具有多种类型和功能,玩具的类型不同,对孩子的影响和作用也不同,对一个没有上学的孩子,玩具就是他们的教科书。孩子通过玩具去认识自我和客观世界。因此,为了让孩子能在游戏中健康成长,家长要合理地选择玩具,最好的玩具往往是最简单、最普通、最便宜的,如七巧板、积木、型板、按摩皮球、布娃娃、长毛熊、白纸、蜡笔等。依照玩具能产生的教育效果,可分类为:

① 教育性玩具(益智类玩具)。这是多数家长愿意选购的玩具,如套叠用的套碗、套塔、套环,可以由小到大,帮助学习到序列的概念、分类

的概念。拼图玩具、拼插玩具、镶嵌玩具，可以培养图像思维以及部分与整体的概念。配对游戏、接龙玩具等既能练手，又能开发脑力。

②动作类玩具。这是几代人都离不开的玩具，如拖拉车、小木椅、自行车、不倒翁，这些能锻炼婴幼儿的肌肉，增强感觉与运动的协调能力。

③语言类玩具。成套的立体图像、儿歌、木偶童谣、画书，可以培养宝宝视、听、说、写等能力。

④建筑玩具。如积木、拼插玩具等，能锻炼孩子的动手能力和想象力，既可以建房子，也可以摆成一串长长的火车，还可以搭成动物医院。总之，玩具可以让孩子充分发挥想象力。

⑤模仿游戏类玩具。模仿是孩子的天性，几乎每个孩子都喜欢模仿日常生活所接触的不同人物，模仿不同的角色做游戏。如锅、碗、瓢、勺；城市、街道、汽车、房子；娃娃与医院，玩具商店等。通过模仿，可以增长见识，了解社会和家庭生活。

⑥科学类玩具。随着宝宝的长大其随意和不随意的运动正在慢慢形成，视觉和触觉已建立了联系，他们用手做各种动作，如藏猫猫游戏、扔东西听声、交换物品、双手拿东西、用拇指和食指对捏小东西、往嘴里放、用牙咬，还能成功地到处爬。因此，为宝宝选择的玩具要求简单、有趣、耐用，并且安全、卫生。如橡皮狗、猫、公鸡等动物玩具，一边玩一边讲：这是小狗，小狗"汪汪"叫；柔软的长毛绒玩具，赋予孩子足够的温情；还有布娃娃，它不但便于宝宝指认娃娃的鼻、眼、口等五官，还帮助宝宝学习认识身体的其它部位。

此外，宝宝还会像大人对自己那样抱布娃娃，与布娃娃聊天，喂布娃娃吃饭等。家长选择此类玩具时应注意：①易于清洗；②色彩鲜艳；③无毒；④做工精细、耐玩、无乱线头；⑤保证玩具上的小扣子、眼睛、装饰小串珠不会脱落等。还可以为婴儿买上发条的机械玩具，如公鸡蹦蹦跳、狗熊跳舞、小白兔摆摆头，PP熊教你唱歌、学唐诗等。

可以给9个月的婴儿一些能够拆分再组装的玩具，帮他拆了再装，装了又拆了，他会感到有意思。但是拆开的玩具零件一定要足够大，如果太小，婴儿会把它吞下去，或塞入耳朵、眼睛和鼻孔里，以致发生危险。

最好给他一个收藏玩具的盒子或篮子，玩耍后同宝宝一起将玩具收拾放好，以便下次使用，同时让宝宝学会遵守规矩。

116. 宝宝害怕坐电梯怎么办？

Q 最近 8 个多月的儿子似乎特别害怕坐电梯，一上去就很紧张，是因为他胆子太小吗？可他以前不是这样的。

A 宝宝出生以后，除了不断发展自己的嗅觉、味觉、听觉、视觉以外，还会发展平衡觉，当人体位置与地心引力方向发生变化的时候，如果宝宝的身体突然失去平衡和支撑，他会产生害怕的感觉，上下电梯的快速运动就会导致宝宝的身体暂时失衡。如果妈妈紧紧抱着宝宝，他的身体与妈妈的身体紧紧贴在一起，而妈妈的平衡性较好，会提高宝宝的平衡性和安全感，偶尔出现一次没站稳的情况，身体的猛然晃动就吓他一跳，所以这不是宝宝胆小胆大的问题。再坐电梯的时候，妈妈抱紧宝宝，并安慰宝宝不要怕，跟宝宝说："妈妈会保护你！"同时采取一些分散宝宝注意力的方法，例如看看电梯里面的镜子，观察电梯数字的变化，说说一些有趣的事情等等，帮助宝宝放心乘坐电梯。另外，狭小、昏暗、封闭的老式电梯容易让宝宝害怕，妈妈可以先带宝宝乘坐商场里面宽敞、明亮、开放的扶手电梯，培养他坐电梯的平衡感和安全感。

117. 宝宝喜欢扔玩具好不好?

Q 最近宝宝有个坏习惯，就是喜欢扔玩具，我一拾起来放到他手里，他就又扔了，还咯咯笑，弄得我很疲惫。孩子这样的行为如何纠正呢?

A 扔玩具，摔玩具是 10 个月至 1 岁半婴儿心理发展过程中的普遍现象，也是心理发展的一个阶段。

5、6 个月的婴儿手眼已经进一步协调，能在视线的引导下用手去抓握玩具，此时他们的双手以及手的配合还不协调，当他单手拿着一个玩具而并不想要这个玩具时，他不会用空着的另一只手去拿身边其它的玩具，而是必须放下手中的这个玩具，才去拿其它玩具，这是扔东西的最初萌芽。

8 个月以后，婴儿的这种表现越来越明显，成人越不让他扔，他扔的越起劲，对于这种行为，可以理解为孩子对自己能使物体发生的变化产生了兴趣。在扔东西的过程中，宝宝对不同的物品扔出的远近、声响、反应产生不同的感受，从而获得不同的经验。因此，在此阶段对孩子的这种行为不必大声指责，强行纠正，可以拿一些不容易被扔坏的东西给他玩，一次给的玩具不要太多。成人只需要观察，并诱导孩子学会其他玩耍方法，如用手推球，用棍够球等。

118. 宝宝发脾气就扔东西怎么办?

Q 宝宝现在 9 个月了,近来喜欢扔东西,以前是轻轻地扔到地上,上次我跟他玩皮球,我用力地扔了一下,然后他就学会了,现在扔什么东西都很用力,好像发脾气那样地扔东西,是应该教育他不要扔还是鼓励他继续扔?

A 当宝宝学会坐稳之后,有一段时间特别喜欢往地上扔东西,妈妈拣回来,拿在手里再扔,这是因为他坐起来以后,有了三维立体的视觉空间,可以更好地观察物品在地面上的运动变化,也有利于他做出往下扔的动作。宝宝很用力地扔东西,并不是在发脾气,而是在尝试自己有多大的力量能把物品扔出去,他在发展自己的动作与动作的结果之间的因果关系,这是奠定逻辑思维的基础,所以妈妈要给宝宝提供球形、滚筒、方块、三角、布娃娃、塑料等不同形状和材质的物品,让宝宝对多种物品获得丰富的手感,并观察和感受不同物品的运动变化特点。当然,宝宝还不明白不同的用力方向会导致物体不同的运动变化,妈妈可以示范给宝宝向上、向下、向前、向后用力,物品的运动结果是不同的。

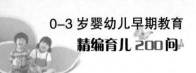
119. 孩子为什么越长越不听话了呢？

Q 宝宝快 2 岁了，突然变得自私，不听话。以前都能和别的小朋友玩得很好，现在却总是和同伴推搡。而且，什么事都得依着他，一不顺心就耍脾气，别的小朋友拿一下他的玩具，他就举手打人。感觉越大越不懂事了，在街心玩耍时，由于经常与小朋友推搡，令家人十分难堪。

A 其实，类似这样的行为并不是因为孩子自私，只是受他心理发展水平的限制，因而表现出的行为特征。在心理学上，将婴幼儿所表现出来的，完全以自己的意志为转移的行为称为"自我中心行为"。这里的自我中心，并不是我们一般意义上的自私自利，完全不考虑别人。而是指这一年龄阶段的孩子在思考问题时，往往只会站在自己的角度看问题，不会多方面思考问题。他们很难理解别人。

有人做过一个实验，先让孩子从很多不同的角度观察一件物品，然后让孩子站在一个固定的位置，在他的对面再放一个布娃娃，问孩子，布娃娃看到的物品是什么样的？绝大多数孩子会回答，站在对面的布娃娃看到的物品与自己看到的完全一样。这个实验非常充分地表明了孩子的"自我中心"式的思维方式，即他很难从多个角度去思考问题，而是习惯从自己的角度出发，认为别人的看法应当是与自己的完全一致。

这是孩子思维发展的特点决定的。对于 2 ～ 3 岁的孩子，家长不宜一味的批评指责，而且，当众羞辱大骂孩子也无济于事，应当用智慧加以引导，设法避免冲突发生。智慧妈咪常常会邀请几个小朋友，通过"游戏"或"故事"让孩子体验分享、谦让的快乐。家长也可以有意识的培养孩子与同伴友好相处的能力，如一起玩"捉迷藏"游戏，一起玩"踢球入门"，从中学会与同伴相处。日常生活中，科学爱孩子，不放纵，不溺爱，家人彼此和谐相处，互相谦让，身为表率，孩子耳闻目染也会很早懂得分享谦让，不任性不霸道。

120. "缠人"的孩子如何教养呢?

Q 我家宝宝快两岁了,特别喜欢缠着我,只要离开她的视线,她就会哭闹不止,导致我什么事情都不能去干,实在是一点办法都没有。我该怎么办呢?

A 孩子对母亲依恋是正常的亲子情结。心理学家认为,母子之间稳定的情绪联系,对于孩子的社会适应性和个性的健康发展是十分重要的。因为这种早期的情绪依恋向孩子提供了一种基本的信任感,使孩子在以后的生活中能够与别人建立起密切的感情联系,能够恰当而有效地同其他社会成员交往。

但是,每个孩子与妈妈的依恋情结,存在着很大的差异。有的孩子和妈妈单独在一起的时候,总是喜欢缠在妈妈身边,对探索活动不积极,对陌生的人和事表现拘谨和退缩,在妈妈将暂时离开的时候,他的情绪反应会非常强烈,会反抗,大喊大叫,或很悲伤地哭闹。如果妈妈返回来,他会急切地寻求妈妈的安慰,不容易平静。

母子之间这种依恋关系决不是一朝一夕形成的。作为妈妈,是否想过从自己的身上找找原因呢?研究发现,母子之间的这种缠人型依恋关系的形成,是与母亲息息相关的。

你不妨注意观察一下别人家的母亲对待孩子的态度是怎么样的,也不

小萱是个勇敢的孩子

妨反省一下自己。你是不是为了满足自己的心理需要，总是喜欢孩子粘在自己身边；是不是为了满足你自己对孩子的依恋，不鼓励孩子离开自己；在孩子独立活动的时候，你总是担惊受怕，总是千叮咛万嘱咐，对孩子的探索行为，总是时时表现出保护过度。你的这种做法与其说是对孩子的爱，不如说是对孩子的禁锢。起码可以说你这种爱不能算是积极意义上的爱。

所以建议你对孩子爱的策略进行调整，给孩子勇敢坚强的暗示，为孩子创设独立探索的环境，扩大交往圈子。经常给孩子讲一些勇敢宝宝的故事，进行"榜样"熏陶。

121. 要不要与宝宝一起玩玩具?

Q 宝宝两岁多了,我准备了各种玩具,让孩子在我的视线里自己玩耍。但是同事说这样做是不对的,应该陪着孩子一起玩玩具。我很困惑:孩子能自己玩玩具了,为什么还要我和他一起玩呢?

A 玩,是孩子的天性,小宝贝每天睁开眼睛的第一件事就是寻找玩具,开始游戏的一天。陪孩子一起玩,不仅可以拉近和孩子的距离,和孩子交流沟通,更可以增加孩子的自尊与自信,启发孩子的智力发育,让孩子更健康、更聪明。

①表达对游戏的兴趣

如果孩子对游戏没有兴趣,游戏当然不会好玩。孩子其实是很敏感的,如果勉强他去玩他不感兴趣的游戏,很容易玩不下去。倒不如和孩子商量着玩,玩一些大家都感兴趣的游戏。爸爸妈妈在陪孩子游戏时,要和孩子一样真诚投入、非常专心,短时间完整的注意力投入,比长时间的敷衍来得更有力量。

②积极地倾听

孩子都需要爸爸妈妈注意自己,而且越多越好。倾听会

让孩子感受到你对他的关注和爱意,让他更想展现自己。孩子在游戏中所表达的可

能有它潜在的涵义，爸爸妈妈多花些心思去倾听孩子所说的，收获的可能是孩子想对你说却不敢或不知如何开口的心里话。在倾听中，让孩子带你去看他所看到的世界。

③多问开放性的问题

游戏是孩子的国度。进入孩子的世界，你除了多听，还应开放自己，多问多学。不要假设孩子和你有一样的想法，也不要急着先去表达自己的想法，孩子的想象力常常是我们望尘莫及的。太阳可以是绿的，云也可以是黄的，爸爸妈妈有了这样的包容力，孩子更能拥有他自己。多问问孩子在做什么，了解他的想法，否则孩子会由于你的呵斥破坏了对游戏的兴致，孩子也可能会觉得很委屈，这就得不偿失了。

④遇到问题，试着让孩子自己解决

游戏也是日常生活的缩影，孩子也会遇到问题和困难。爸爸妈妈可能会不自觉地帮他解决问题。其实游戏是孩子学习解决问题的最安全的方法。比如：当孩子搬不动他整箱的积木时，可以问问孩子"怎么办呢？"，多些耐心，你可能会和孩子一起享受他打开箱子，搬出积木，解决问题的得意与骄傲。

虽然在游戏的世界中，孩子才是主角，但爸爸妈妈全身心地投入与陪伴，也是游戏中很重要的一部分。有了你的陪伴，孩子会玩得更带劲，也会因此而拥有健康的心态。

122. 怎样才能让宝宝变得比较专注?

Q 宝宝集中注意的时间很短,给他讲一个故事,故事还没讲完他就跑了;与他一起搭积木,还没有搭几件,他又跑去做别的事情了。怎样才能让宝宝变得比较专注呢?

A 注意力分为无意注意和有意注意。1~2岁宝宝以无意注意为主,也就是说,他的注意力主要受外界刺激的新奇性所吸引,随着他关注的兴趣点而转移,集中注意的时间很短,不能很好地控制自己;有意注意是有目的、有意识的注意,1~2岁宝宝的有意注意时间一般也就一两分钟,所以大人为宝宝讲故事要简短而有趣,1~2岁宝宝还不会搭积木,他还处在感知积木形状、材质的阶段,所以大人希望他好好玩一会儿积木,超出了他的发展水平。

在宝宝无意注意比较发达的低龄阶段,有一种误解是妈妈认为自己希望宝宝注意的对象和时间才是有意注意,其实不然。当宝宝选择了自己感兴趣的事物,并专注地研究它,这是宝宝自我发展注意力的黄金时刻,大人不要自己认为这个事物不值得关注而打扰他。

如果大人希望宝宝注意某个事物,就需要学会与宝宝进行他能看懂并有趣的语言和动作交流,夸张的语言和动作示范常常是初为父母需要掌握的基本技能。

123. 怎样让宝宝学会拍手?

Q 宝宝现在已经9个月了，但是还不会拍手、再见等手势呢。好像身边和他差不多大的宝宝都会这些技能了，但是，他特别不愿意学，我们真不知道该怎么办? 不过，宝宝其它方面都还不错的，特别喜欢站着玩，喜欢走来走去。

A 宝宝越小，个体之间的差异越大，每个宝宝都可能先学会不同的本领，因此，妈妈常因宝宝在某一方面早慧而欣喜，又因在某一方面滞后而着急，你的宝宝在身体运动能力方面发展得稍快一些，在社会交往能力方面发展得稍慢一些。拍手和再见等手势意味着宝宝不但做到了手脑协调，还做到了与社会交往相协调，确实是宝宝发展的一个里程碑。但是这一技能的学习并不需要特别的训练技巧，宝宝在正常的社会环境中都会通过观察和模仿的方式而学会，只是每个宝宝观察和模仿的时间长短不同而已，因此获得这一技能的早晚稍有不同。所以，只要你坚持带宝宝在社区里走走转转，见到不同的人跟宝宝说"拍拍手欢迎阿姨"、"摇摇手跟奶奶再见"，边说边示范动作，宝宝不久就学会了。

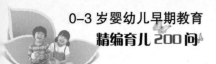
124. 宝宝不愿意出门怎么办？

Q 宝宝10个月，一直由保姆带着，不喜欢去外面玩。我每次带她出去，不到10分钟就闹着要回家，在家里一个人玩得很开心。小时候有段时间还要求我带她下楼玩，现在却拒绝出去玩了，即便出去也是静静地呆着，不与人交流，如果突然出现陌生人，就吓得躲起来，要求回家。宝宝怎么变得胆小内向了，怎么办？

A 宝宝不愿意出去玩主要有两个原因，一个是养育方式，另一个是心理发育。如果保姆人生地不熟，或者老人身体不好、行动不便，她们倾向于不出门在家里照料宝宝，比较安全、省力，也省得与陌生人打交道比较难为情，那么宝宝习惯了待在家里就不愿意出门了。同时，宝宝6个月以后会出现害怕陌生环境和陌生人的心理变化，在此之前，宝宝在认知方面还没有明确的陌生与熟悉之分，可谓"初生牛犊不怕虎"，在哪里都无所谓，但是现在不一样了，他开始有陌生与熟悉的概念，并选择熟悉环境、害怕陌生环境，所以会自然地出现胆小的表现，这是宝宝认知水平发展的标志，妈妈不要责怪宝宝胆小，更不要当着宝宝的面说"这孩子胆子小"，错误地贴标签会给宝宝带来消极的暗示。

妈妈要主动带宝宝经常出去看看。当宝宝害怕陌生人的时候，不要强迫宝宝与人打招呼，多出去几次、多见见人，宝宝自然就能克服害怕情绪、培养出安全感，逐渐坦然接受新环境和陌生人了。

125. 怎样安慰爱哭的宝宝?

Q 宝宝 10 个月，特别爱哭，夜里哭，白天也哭，到医院没有检查出什么毛病，老人说就有这样闹人的孩子，让我碰上了。但我身心疲惫的时候，我还是忍不住对他发脾气，我把他放在床上，用手拍着床喊一嗓子："你哭、哭、哭吧!"他果然哭的声音更大，难道他听懂我的意思了? 看他可怜的样子，我又把它抱起来，他确实哭声减弱一些，唉! 我真的不知道该怎样安慰自己的宝宝!

A 宝宝先天的禀性确实不同，有的宝宝出生便很安静，有的则烦躁爱闹，新妈妈不要幻想宝宝总是随心愿的，要做好磨练母性的心理准备。研究发现，人类有五种基本情绪：快乐、愤怒、恐惧、厌恶和悲伤，宝宝出生 8 个月后已经全部具备识别和表达这些情绪的能力，所以宝宝完全可以辨别出妈妈对他的消极情绪。但是，宝宝以后健康发展的基础是他感觉到自己处在安全、温暖和被接纳的环境，这样他才能发育出自信和爱心，所以有脾气、有个性的妈妈要在婴儿面前变得"没脾气"、"没个性"，对处于婴儿期的宝宝格外温柔、体贴和宽容。

126. 宝宝总是扔玩具怎么办?

Q 宝宝10个多月,给她玩具就扔掉,待玩具掉到地上了,她先是低头去看掉在哪儿,然后扭头"啊啊啊"告诉我,等我给她捡,捡起来给她,她又扔,乐此不彼。是不是这个月龄段的宝宝都这样?

A 这个月龄段的宝宝都是这样,说明他的好奇心和探索欲望正在迅速发展。玩具扔在地上以后,会发生多种变化:是滚动还是滑动,有的玩具还能弹跳;有的玩具能跑得很远,有的玩具跑得不远;有的玩具扔到地上以后稀里哗啦散落一地,有的玩具却完整无缺;不同的玩具扔在地上会发出不同的声响……奇妙的运动和多彩的事物强烈地吸引着宝宝,有助于他理解各种物体及其运动的特点。扔玩具的过程还让宝宝感受到自己的动作导致玩具和运动的变化,他会觉得自己是很有力量的人,所以妈妈就乐此不疲地支持宝宝"乐此不疲"的游戏吧。同时请妈妈注意不要把易碎的、不安全的物品留给宝宝玩,以免伤着孩子;如果是老人照看宝宝,反复弯腰拾捡玩具不方便,可以准备一把比较长的细棍,代替亲自捡回玩具,帮助减轻身体的劳累。

127. 宝宝太任性了怎么办?

Q 宝宝 11 个月，一次带她去宾馆吃饭，服务员上完菜，她却不吃，"啊啊"地指着服务员，然后就拉着我走，到了厕所，我以为她要去厕所，她却不进去，但也不肯回座位吃饭，很固执，我把她抱回来，她就哭起来，怎么跟她说也不行，宝宝是不是太任性了?

A 1 岁宝宝还不能用语言表达自己的心理活动，需要大人的猜测来进行交流，如果大人猜得不对，他们可能就会着急，宝宝的这种表现不能视为任性，所以不要责怪宝宝。你的宝宝在宾馆里的表现可能是他的客体永久性的发展导致的。客体永久性是 9 ~ 12 个月宝宝思维发展的一个重要标志，也就是说当事物不在眼前的时候，宝宝也能记住它，并渴望找到它，9 个月之前的宝宝通常没有这个能力，把眼前的事物挪走，他就以为事物消失了，也不再寻找。宝宝指着服务员，可能是对服务员或者服务员端的某种饭菜感兴趣，希望再看见它，但是服务员转身走了，他就想跟踪服务员找到它，有的宝宝则表现出不达目的誓不罢休的"任性"。可以与宝宝玩藏猫猫的游戏满足他的心理发展需求，例如当着宝宝的面把一个玩具的部分或者全部放在盖布下面，妈妈说："怎么不见了? 哪里去了?"鼓励宝宝去找。

128. 宝宝不愿意回家怎么办?

Q 宝宝 11 个月, 睡眠不多, 白天精神很好, 可是不愿意待在家里, 整天就喜欢在外面转悠, 每天都是天黑了, 外面什么也看不见了才不得不回家, 这要是到了冬天怎么办? 整天在外会不会着凉? 宝宝为什么不愿意在家里玩呢?

A 宝宝喜欢在外面玩, 能够呼吸新鲜空气、观察自然景物、促进人际交往, 有助于宝宝的身心发育, 比总是关在家里有益许多, 然而这会造成带养者比较劳累, 因此可以为宝宝准备一个手推车, 避免总是抱着, 同时注意一个小时以内就应该回家一次, 换换环境、喝喝水、休息一下, 并且边回家边与宝宝交流, 帮助宝宝明白时常回家的道理。

妈妈担心冬天还总在外面可能会着凉, 是有道理的, 因此宝宝闹着出去的时候, 妈妈一出门就抱紧宝宝说:"哎呀, 好冷呀, 还是在家里暖和。"或者说:"外面冷, 着凉了得吃药打针, 吃药苦、打针疼。"同时, 妈妈需要提高在家里带宝宝的游戏水平, 给宝宝说说话、讲讲故事、翻翻书、做做游戏, 让宝宝的手里有不断可以把玩、操作的物品或者玩具, 在一个房间玩玩再换一个房间玩玩, 在床上玩玩再在地垫上玩玩, 有时可以放在小车里走走, 或者在走廊里转转, 总之, 尽量安排丰富的活动, 打破单调的气氛, 就能吸引宝宝在家里快快乐乐地生活。

129. 宝宝不跟亲子班老师学习怎么办?

Q 宝宝已经 11 个月了,周末时带他去上亲子班,陪着他上阅读课,但是在课堂上,别的孩子都能认真听老师讲,和老师一起说,他却经常在一边滚来滚去地玩,不管发现什么新鲜东西都能很感兴趣地研究,我需要管他吗? 怎么管他呢?

A 一般情况下,妈妈带宝宝上亲子园都希望他能跟着老师多学一些知识和本领,所以宝宝跟老师配合得越好,妈妈越高兴,但是偏偏有的宝宝不喜欢老师安排的活动,喜欢自己随便玩耍,这下子妈妈着急了:"学生怎么能不听老师的呢?" 宝宝是个乖学生固然是好事,妈妈也不要对不乖的宝宝过于着急。因为亲子园有适合宝宝学习的环境、书籍和玩具,他"经常在一边滚来滚去地玩,不管发现什么新鲜东西都能很感兴趣地研究",这个现象本身已经说明宝宝在学习,只不过他是"自学"而已,妈妈不必干涉宝宝自发的探索学习行为,应该支持和鼓励他。至于学会听老师上课的本领,随着宝宝思维水平和自我控制水平的提高,他将会渐渐适应亲子班的环境与要求。

130. 怎样读懂 1 岁宝宝的心思?

Q 宝宝快 1 岁了，我发现她对事物的名称很感兴趣，她手指什么，我就告诉她这是什么，但有时我告诉了她手指的事物，她却不满意，一副"啊、啊"很着急的样子，我又不明白她到底想知道什么，应该怎样读懂宝宝的心理?

A 宝宝的心理是世界上最难读懂的书之一，并且每个宝宝都是一本不同的书，想读懂自己的宝宝是每个妈妈的一大心愿。当宝宝开始用手指吸引妈妈关注某一事物的时候，说明宝宝的智力发育出现了一个飞跃，她开始主动与妈妈一起共同关注和探究世界了，所以妈妈的有问必答对促进宝宝的理解水平和语言发展都有重大意义。然而，宝宝的手指含义有很多种，有时是想知道"这是什么"，有时是因好奇而想接近或者抓握某物，有时是因恐惧而想远离某物，有时是妈妈答非所问而继续探究，所以妈妈要尝试多种方式解答宝宝的疑问，并用准确而清晰的语言给宝宝传递信息，不要觉得宝宝只是胡乱指指，妈妈敷衍应付一句，甚至忽略没有应答，这将怠慢宝宝良好的发展机会。

131. 1 岁以内的宝宝玩什么游戏好?

Q 跟 1 岁以内的宝宝玩什么游戏有利于开发他的智力?

A 发展动作的游戏以及母婴交流的游戏最有利于开发周岁以内宝宝的智力。因为每个动作的发展都与大脑的相应区域的发育相联系,所以动作发展是婴儿智力发育水平的重要标志,它分为大肌肉动作和小肌肉动作两种,前者包括抬头、翻身、坐、爬、站、走、下蹲、跑、跳、钻和平衡等全身动作,后者包括抓、握、捏、穿、放、搭、画、撕等手部动作。这些动作的发展遵循从上身到下身的头尾顺序、从身体躯干到边缘的近远顺序、从大肌肉到小肌肉的顺序,妈妈要与宝宝玩以上所有动作的游戏,既不省略也不跳级,这样大脑的各个功能区域才能渐渐发育成熟。母婴交流游戏同样非常重要,是培养宝宝的社会性高级情感的基础。从孕育开始,宝宝就对妈妈的声音和体味熟悉,出生后对妈妈的脸庞和动作最熟悉,这是建立良好母婴关系的基础,所以妈妈要经常对宝宝边抱边微笑边说话,用颜色鲜艳和有响声的玩具逗引宝宝,或者抱着宝宝读书、唱歌、跳舞,都会提升宝宝对周围世界的关注程度与水平,进而刺激智力发育。

132. 宝宝爱玩打仗游戏好不好?

Q 儿子 1 岁了，他喜欢玩小手枪，但我不喜欢他总是拿枪对着人假装开枪。每当我看到他拿枪对着人瞄准时，总是很别扭。要是玩打仗的游戏我也不反对，问题是别人没有和他玩他也拿枪瞄准，这样做好吗? 我要不要管管他?

A 1 岁左右的婴儿有一个心理特点：妈妈正在做某件事并不需要宝宝的关注，他却积极地凑过来关注；他正在做某件事，妈妈并没有关注，他却积极地吸引妈妈的关注。这两种积极的态度都说明宝宝要与成人建立一个共同理解的世界，即 "你在做什么呢? 我很想知道；我在做什么呢? 我也很想让你知道"。因此，妈妈不要从成人的感觉和兴趣出发对宝宝的事情不理睬，而应该给予积极的回应，这不但给宝宝带来愉悦的情感，还促进宝宝的智力发育和语言发展。

当宝宝拿枪对着人瞄准时，他可能希望成人用语言告诉他在做什么，也可能只是让成人用眼睛看看他在做什么，如果成人及时地给予语言或非语言的应答，会促进宝宝的语言和认知发展。如果妈妈长期对宝宝的主动态度不回应，会打击宝宝积极探索世界及与人交流的热情。当然，你希望宝宝学会察言观色，如果别人不感兴趣就不要打扰别人，这对 1 岁的婴儿要求有点高了，这种能力可以在以后的日子里渐渐培养。

133. 怎样培养宝宝独自玩耍的能力?

Q 妮妮已经1岁了，全家人都很宠爱她，她的身边一刻不缺人。可我看到邻居同龄的宝宝有的时候妈妈在做家务，一个人也能好好玩。请问，1岁的宝宝有没有具备独自玩耍的能力？

A 1岁的宝宝已经具备独自玩耍的能力，而且这种能力从宝宝出生以后就开始具备了。1岁以内宝宝的生活状态可以分为睡眠和觉醒两种状态，觉醒状态又可以分为安静觉醒、活动觉醒和哭三种，其中安静觉醒状态的宝宝就会自己玩，他的眼睛睁得大大的，很安静但很机敏，喜欢静静地看东西、看人脸、听声音、模仿大人的表情，这种状态一般出现在刚吃过奶、换过尿布以后，这时候妈妈不要打扰宝宝的安静，培养他独自玩耍的能力。宝宝小时候，确实身边一刻也不能缺人，但不缺人并不意味着一刻不停地哄宝宝、抱宝宝，这样宝宝会养成依赖妈妈的习惯；妈妈应该在视线范围内观察宝宝，如果他在安静地自己玩，就让他自己多玩一会儿吧。

134. 宝宝学习坏榜样怎么办?

Q 宝宝 1 岁，我给他买了一本在国外获大奖的流行图书《大卫，不可以》，讲述一个淘气的小男孩做了许多不应该做的事情，宝宝非常喜欢这本书，看的时候哈哈大笑，看完之后就学大卫的样子玩食物、抠鼻孔，还故意让我看，我越不高兴他越做，我后悔不该给宝宝讲这个故事，我是不是错误地选择了绘本?

A "绘本" 这个名词出现有 10 年左右的时间，其实就是图画书，英文称 Picture Book，由日本传入的名词。现代流行的绘本以图为主、文字为辅，适宜年龄的绘本不需要成人太多的讲解，宝宝就能通过 "图画语言" 读懂，而且图画充满童趣、内容贴近童心、张扬现代教育观念，不但深受孩子喜爱，成人也有很多 "绘本发烧友"，这是绘本风靡图书市场的主要原因。但是绘本阅读并非没有选择，不同年龄的宝宝需要不同的绘本，这样才能发挥早期阅读的积极意义。

《大卫，不可以》获得的是美国图画书界最重要且代表最高荣誉的奖项——凯迪克奖。但它不适合 3 岁以前的宝宝阅读，因为小宝宝分辨是非的能力弱，模仿能力强，出于好奇以及吸引大人注意力的心理需要，会以模仿大卫的行为为乐；而且 3 岁正是宝宝自我意识和逆反心理比较强烈的时期，他会以做大人不允许的事情来现实自我的存在；而宝宝四五岁以后，辨别能力和自我控制能力增强了，他会以更高级的形式显示自我的存在。可见，3 岁前的宝宝宜选以正面形象为主的读物。

135. 怎样让宝宝胆子大一些？

Q 宝宝 12 个月了，虽然我们经常带他出去玩，但是孩子见了人还是不好意思，即使是熟人，而且做事情总是小心翼翼的。怎样能让孩子胆子大一些？

A 对于 12 个月的宝宝来说，胆小、谨慎并不完全是件坏事，说明宝宝对新事物的体验比较敏感，观察得比较细腻，能够使孩子采取更安全、更慎重和更有益的方式协调他与外界之间的关系。当然，妈妈担心这样会妨碍宝宝接纳新事物、适应新环境的速度。首先，妈妈对害羞的宝宝要特别有耐心，尽可能让他按照自己的节奏克服胆怯，不要急着看见孩子采取行动克服胆怯，在希望宝宝有明显改善之前，需要先给他几个星期甚至几个月的修整时间。同时表扬宝宝在日常行为中取得的点滴进步，能促进宝宝把自己不经意的行为变成稳定的行为。继续带宝宝走出封闭的高层楼房，遇到小区里的邻居，妈妈为宝宝示范打招呼的方法，并摆宝宝的手边说："宝宝叫爷爷好！"让宝宝在开放的环境中增长见识，见识多的宝宝以后自然胆子也大一些。

136. 怎样让宝宝愿意坐安全椅?

Q 嘟嘟 1 岁了，为了保证他乘车的安全，我们特地在车上了安装了婴儿汽车安全座椅。但是嘟嘟一坐到上面就开始哭，到现在每次坐车外出都要妈妈抱，都没正式用过这个座椅。宝宝是害怕这个椅子吗？怎样让他适应这个安全座椅呢？

A 对宝宝来说，安全和安全感不是一回事。"五花大绑"地坐在安全座椅上虽然更加安全，但是他觉得被妈妈抱着坐车更加温暖、放松和安全。

如果有时车速不均匀，造成宝宝的身体陡然失去平衡，他对安全座椅的安全感就更弱了。要想使宝宝对冷冰冰的安全座椅产生安全感，需要丰富他的相关经验。

很多公园或商城都有上下或左右来回摇动的音乐摇椅，让宝宝坐在上面，妈妈一只手帮助宝宝抓紧把手，另一只手轻轻扶着宝宝的身体，以后再慢慢松手，锻炼宝宝的平衡能力。

平时宝宝走路累了，妈妈不要抱他，让他坐在婴儿手推车里，锻炼他独立坐椅子的心理素质。

137. 怎样矫正宝宝咬人的习惯?

Q 儿子 1 岁多，一兴奋起来就不由自主地咬人，有时和他讲道理，还能起一定作用，但马上就会忘；有时讲道理也不听。请问我们应该怎么做才能让孩子改掉这个坏毛病?

A 宝宝最初咬人是生理性原因，尤其是长牙时期因为牙龈黏膜受到刺激而发生牙痒的现象，于是有的孩子咬人，这时给宝宝提供磨牙棒、磨牙饼干或者将一些纤维较丰富的新鲜蔬菜及水果如白菜、菠菜、苹果、雪梨，切成丝或颗粒状，为宝宝提供咀嚼机会。

有的宝宝咬人属于心理性原因，是需要矫正的不良行为习惯。当宝宝咬人的时候，妈妈要制止宝宝的这种行为，告诉他："妈妈不喜欢宝宝咬人。"并为他示范用语言表达需求的方法，让他明白和锻炼文明的语言交流方式。

也有的宝宝咬人是模仿妈妈的行为。有的妈妈喜欢宝宝细嫩的皮肤，与宝宝玩得高兴的时候，禁不住想亲近宝宝，并采取轻轻地咬宝宝胖乎乎的胳膊、脚丫或小屁屁的方式，宝宝以为高兴了就可以这样做，所以他一兴奋起来就不由自主地咬人，如果是这种原因，妈妈就要注意自己先不要"咬人"了。

138. 怎样减轻老人带宝宝的劳累?

Q 宝宝 1 岁多,主要是由奶奶带他,但是奶奶身体不好,受不了宝宝的折腾,他现在主要有两个问题,一个是爱往地上扔东西,然后"啊—啊—"地要求奶奶拣起来,还有一个问题是他要学习走路了,奶奶总是弯腰扶他也受不了。请问专家有没有什么好的方法减轻奶奶带宝宝的劳累?

A 爱扔东西和学习走路是 1 岁多宝宝所具有的显著特点,扔东西有利于宝宝发展手部活动、手眼协调以及自我意识,1 岁多也是学习走路不可错过的关键期,所以妈妈带养起来需要付出一定的体力,但是妈妈应该支持宝宝的这些行为,对于老人来说可以想一些省力的办法。奶奶的手边可以准备一根长度适宜的木棍,这样不用动身体也能把宝宝扔出的东西取回来,不需要的时候就把木棍收起来,以免伤着宝宝。至于宝宝学习走路,如果他已经能够站稳了,可以使用学步车;如果宝宝还没有站稳,就不要用学步车,为宝宝的活动场所摆设他可以作为扶手的矮床等稳定的低矮家具,锻炼宝宝起立、站稳、扶物挪步的走步能力。这些办法都可以帮助奶奶减少长时间、反复弯腰和直腰的动作。

139. 宝宝不敢独立走路怎么办?

Q 我的孩子14个月了,从5、6个月就喜欢站着,到10个月可以走了,但是到现在,他总是需要拉着大人的一个手指才敢走,是什么原因呢?应该怎么锻炼他呢?

A 10个月就可以走,已经是一个了不起的宝宝了!在孩子大胆地独立行走之前,需要一个扶物行走的阶段,这是宝宝学习掌握身体重心的时期,虽然他只拉着大人的一个手指,但是大人的手指帮助他稳定自己的身体平衡,而且让他有心理安全感,妈妈在这段时期不要急于求成。

如果想进一步锻炼孩子,可以让宝宝在大人的手臂范围内自己走两步,他的步态可能跌跌撞撞地不稳定,大人的神情要放松,不要让宝宝感到紧张,让他放心大胆地走;也可以让孩子推低矮的小车,一方面小车对他的身体有支撑作用,另一方面可以增强他走路的兴趣,同时妈妈在旁边加强看护,以免发生意外伤害。

妈妈也可以准备一根平滑的短棍,横握短棍的两端,宝宝两手握住中间,妈妈慢慢向后退步,宝宝随着向前挪步,这种方法比拉手学走路所要求的心理素质更高,对宝宝独立走路有促进作用。

140. 怎样让宝宝接受理发?

Q 宝宝 1 岁 2 个月，理发是个难题。他小时候就害怕理发，哭得厉害，我们就在他熟睡的时候赶快给他理发；现在大了，白天睡觉不多，以前的办法不行了，可是天气渐热，宝宝头发长容易长痱子，我们怎么让宝宝接受理发呢？

A 大部分宝宝都有害怕理发的经历，这是宝宝自我保护本能的表现，剪刀看着锋利、电推子比较响，或者理发的时候，头部失去活动的自由，都会让宝宝觉得害怕、不舒服，所以他用哭声表示恐惧与抗议。首先，父母不要紧张，如果父母显示出担心和害怕的表情，会加剧宝宝的不安全感。类似"宝宝不害怕"、"好了，好了，我们不理了"的话通常也起不到安抚宝宝的作用。

其次，要采取其他更加有效的办法鼓励宝宝理发，例如在家里可以当着宝宝的面给宠物或者动物玩具剪毛，宝宝看到小动物不哭、不怕，也不痛，有助于他缓解对理发的恐惧心理。另外，有时可以带宝宝到理发店看别人理发，他一定会觉得好奇，看得不亦乐乎，爸爸还可以现场理发，显示出很有趣很舒服的样子，为宝宝接受理发加油鼓劲。最后，为宝宝选一个专业的理发师也很重要，妈妈不要随意给宝宝理发或剪发，因为宝宝颅骨较软、头皮柔嫩，理发时也不懂得配合，而儿童理发师有逗引宝宝的经验，能较好地把握理发的长度、力度与速度，熟练的理发技术以及专业的工具和座椅等设施都有助于降低安全隐患。

141. 宝宝只喜欢自己闷着玩怎么办?

Q 宝宝 14 个月,从小就不怎么爱发音,到现在还是喜欢一个人闷着玩,半天也不出声。如果我老逼她说,她就不理我,自己去玩。为什么有些孩子会自言自语说个不停,而我的宝宝只喜欢闷着玩呢?

A 宝宝的语言发展包括语言理解和语言表达两个方面,在语言表达方面,孩子之间在发音态度和发音器官成熟度上会呈现出明显的个体差异,有的孩子比较积极主动,自觉地哼哼唧唧、自言自语,边玩边锻炼发音;而有的孩子"喜欢一个人闷着玩",可能是因为孩子没有积极的态度,也可能是因为孩子的发音器官正在发育,但是这并不意味孩子没有学习语言,他们时刻都在丰富的视听环境中发展语言的理解能力,在大脑里积累语言素材,待到时机成熟的时候就脱口而出,说出可爱的童言稚语。所以,如果妈妈发现大人说什么孩子都懂,但是不愿意开口说话,不要轻易地判断或者担心宝宝语言发展上存在什么问题,而是采取积极等待的态度,坚持与宝宝说话交流但并不强迫宝宝说话,否则会伤害孩子说话的兴趣和信心,反而延迟宝宝开口说话的时间。

142. 怎样激发宝宝说话的欲望?

Q 我的孩子15个月，会说简单的词，如"球、蛋、盆、房子"等，但是他平常要什么东西都不愿意开口说话，而是用手指指，我该怎么让他说出而不是指出他要的东西呢?

A 15个月的宝宝还处在言语发展的储备阶段，也就是听比说多，说话的主动性不强，从生理基础来说，他的发音器官发育得还不够完善，所以只有在高兴或有所求助的时候，才主动说出一些单词句，这些单词具有以词代句、一词多义和单音重叠的特点，而在一般情况下，大多数宝宝像你家宝宝一样，就是"金口难开"。但是妈妈不必着急，采取积极等待的办法将会促进宝宝的言语发展。当宝宝有所求、用手指的时候，妈妈用简单而清晰的短句翻译宝宝的"手指"含义，并且问他："宝宝想看电视，是吗？（等宝宝点头）跟妈妈说'看—电—视—'。"如果宝宝不说也没有关系，不要逼他开口，妈妈过于急迫的态度会让宝宝害怕说话，但妈妈要翻译宝宝"手指"并有让他跟妈妈学说话的要求，否则，宝宝手指什么，妈妈就"心有灵犀一点通"，一声不吭地为宝宝做什么或拿什么，宝宝就得不到相应的言语储备，这是消极等待的教育方式，不利于宝宝的言语发展。

143. 宝宝学说脏话怎么办?

Q 前段时间,我和1岁多的儿子一起玩,他突然冒出一句"他妈的",我特别吃惊,也很着急。我不知道孩子是从哪里学来的这句脏话。我不断地告诉儿子不说这句话,说这句话不对,但是收效甚微。我该怎么办呢?

A 1岁多的宝宝正处于模仿学习语言的关键期,但对于语言是否文明还没有判断和选择的能力,所以他常常是听见某个词句就发这个词句的语音,大人对这个语音关注度越高他越爱发这个音。虽然妈妈告诉他这是脏话,不明白什么是脏话的他依然"我行我素"。因此,当宝宝首次说某个脏话的时候,妈妈就像没听见一样忽略它,使宝宝不对这一脏话产生特殊的记忆。

如果宝宝反复说一些脏话,说明宝宝已经重复受到不良刺激,需要妈妈的特别关注与教育了。首先,寻找脏话的可能来源,避免宝宝以后再在这样不文明的语言环境中受污染,同时蹲下来、看着宝宝、严肃地说:"妈妈不喜欢这样难听的话,妈妈喜欢'你好'、'谢谢你'、'请坐'(依情况举例)这样好听的话。"

幼儿教育有一个普遍的原则是:当宝宝做的某件事内容与方法不适宜的时候,如果妈妈不让他做这件事,就应该同时告诉他可以做什么事情、可以怎样做这件事,这样才对宝宝有具体的指导意义。所以,当宝宝在某种情景说脏话的时候,妈妈要直接示范和指导他应该说什么话。

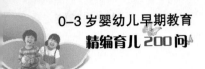
144. 宝宝太爱哭怎么办?

Q 儿子现在1岁3个月了,比较喜欢哭,一旦目的没达到或不满意就哭,问他为什么,他也不说,我是一个性子急躁的人,一听到他哭就烦躁,有时候就会骂他、打他屁股,这时他哭得更厉害了,真不知怎么才能让他说而不是哭。

A 众所周知,完成一件事需要三个基本能力和环节,即发现问题、分析问题和解决问题,对于宝宝来说也是如此,这么小的宝宝还不具有分析与解决问题的能力,需要妈妈的帮助和指导,但他首先具备了发现问题的能力,不会说话的宝宝主要是靠"哭"来发现问题,当他身体不舒服、遇到困难、有某种需求、表达某种情绪,都是用"哭"来传递信息,如果妈妈不让宝宝哭,就是不让宝宝发现问题,或者对宝宝发现的问题视而不见、听而不闻,那宝宝岂不是面临更大的困难?所以即使性子急躁的妈妈,也不要打骂宝宝,否则宝宝更加委屈,哭得更加厉害,这对他的心理健康发育极为不利。

妈妈应该帮助宝宝说出他的需求,对他进行安抚,帮助他解决问题,同时也有助于发展他的语言。1岁3个月的宝宝已经能听懂基本生活语言,只会说一些单词,一般不能说完整的简单句,这时候妈妈帮宝宝说出他的心里话,说对了就让宝宝点点头,说得不对,妈妈继续翻译和解读宝宝的心理密码,妈妈的耐心解读会换来宝宝的安静和镇定,以后他渐渐就会用语言而不是用哭来表达需求了。

145. 宝宝哭的时间很长怎么办?

Q 宝宝从小到大都爱哭,同事说采取"冷处理"的方法,就是随便让他哭,他知道哭没有用了,就不哭了,妈妈尝试这种办法。有一次,宝宝连续哭了40分钟还不停止,妈妈忍不住去哄,又哄了很长时间,宝宝才渐渐不哭了。妈妈犯愁怎样不让宝宝哭那么长时间呢?

A "冷处理"并不是"冰冷的"处理,应该是"冷静的"处理。让宝宝随便哭到自然累,经过多次哭到自然累才明白哭也没有用,最后在心灰意冷中停止哭声,这种"冰冷的"教养态度并不好,让宝宝身心遭受的折磨太多太久。针对哭闹时间比较长的宝宝,妈妈可以采取温情而又冷静的态度对待宝宝,例如这个连续哭40分钟的宝宝,妈妈可以每隔5分钟去关照一次宝宝,问他:"哭不能解决问题,如果不哭了,妈妈就陪你玩一个游戏。你是继续哭,还是玩游戏?"如果宝宝选择继续哭,妈妈5分钟后再来一次这样的询问。每一次询问都给宝宝一次思考和选择的机会,让她既感受到了妈妈的关照,又感受到了妈妈坚决的态度,长久下去可以培养宝宝的自律能力。

146. 宝宝为什么不爱笑?

Q 宝宝很聪明,什么事情心里都明白,别人逗他,他也很高兴,眼睛炯炯有神的,精气神儿很高,但就是不爱笑,其他小宝宝都比他爱笑,这是为什么?怎样让宝宝爱笑?

A 每个人表达情绪的方式会有所不同,这是人的个性不同导致的。例如同样是奥运会乒乓球世界冠军,王楠爱笑,张怡宁不爱笑,其实她俩的心情是一样的高兴和激动。

你的宝宝用激动和专注的眼神表达了自己的高兴,与手舞足蹈、眉开眼笑所传达的情绪情感是一样的,说明宝宝的情绪体验并不缺失,所以你不必担心。

当然,爱笑的宝宝特别讨人喜欢,这是人之常情,妈妈自然也希望宝宝爱笑。比较好的办法是多为宝宝示范表情丰富的笑容,妈妈号召全家人都要笑容对待宝宝,遇到好笑的事情就在宝宝面前哈哈大笑,把鞋子挂在耳朵上对着宝宝幽默地"坏笑",对着镜子让宝宝看"笑妈妈"和"哭妈妈"的不同表情,从互联网上下载"笑宝宝"和"哭宝宝"的图片,指给宝宝看,这些办法都是丰富宝宝对笑的感知,这对宝宝识别情绪符号、加强情绪记忆、建立积极的情绪加工模式,都将产生积极、深远的影响。

147. 宝宝总是让抱怎么办?

Q 宝宝 16 个月的时候就已经很会走路了，那时候蹦蹦跳跳的，非常可爱。可是到了现在 22 个月的时候故意犯懒，一出门就让抱，有时一步都没走，他就说累了。为此，我们给他带上小推车，他不愿意坐，还是让抱。本来带孩子出去玩是想让他开阔眼界的，但是宝宝体重增加了，总是抱着让大人也感觉很劳累，怎么办呢?

A 宝宝都是这样，学步的时候不让抱，非要下地走路不可，等走路扎实了却不愿意走，非让抱不可。出现这种情况并非宝宝要故意为难妈妈，而是他的一种心理需求。首先，抱使宝宝紧紧地贴着妈妈，还能避免路面上的各种危险，让他感觉温暖和安全，抱还使宝宝能够眼光平视与妈妈交流，从而获得更加丰富和清晰的交流信息；其次，不管是自己走还是坐小推车，宝宝看见的都是来来往往的大腿，这是一个单调甚至有点恐怖的"低矮世界"，他根本看不到丰富多彩的"高大世界"。可见，总是让抱并不是宝宝懒或者累，而是他渴望交流和观察世界的心理需求。

事实上，当宝宝到超市、儿童乐园、商场儿童部以及上下电梯和自动扶梯的时候，是不让妈妈抱的，这是因为他进入了自己力所能及的世界。成人常常是自己需要购物、逛商场而带宝宝去人多嘈杂的地方，宝宝不适宜这些地方但是又不会说，只好踮起脚尖让妈妈抱来将就妈妈的需求。所以，出门的时候选择宝宝自己能走、自己能看的地方非常关键。

148. 宝宝特别粘妈妈怎么办?

Q 宝宝特别粘我,我鼓励他,他也能很好地和我道别,但往往会先粘一会儿,然后告诉我,他生气了,要我和他讲好多好多,才勉强和我道别。平时,只要不顺他的想法,都会说,我生气了。这个时候,我应该如何引导他呢?

A 能够主动地表达自己生气了或者很高兴,这是宝宝情感健康发育的表现。情感是行为的驱动器,乐观积极的情感促进行为的产生,消极的情感延缓或者取消行为的产生。通常情况下,人的情绪并不处在积极或者消极两个极端,而是处于中间阶段,遇到具体问题的时候,则在两个方向之间摇摆,尤其是处在情感发育现在进行时的宝宝,他的情绪情感经常犹豫不定,所以妈妈要给宝宝一定的时间,让他练习选择和调整。宝宝跟妈妈道别的时候,他会产生分离焦虑情绪,自己不愿意离开妈妈,妈妈又不得不走,怎么办?宝宝在犹豫和调整之中,所以他不能果断地、痛快地跟妈妈说再见,最后勉强做出选择,对他来说已经是很大的考验和进步。所以妈妈道别的态度要坚定,但又要耐心地等待宝宝反复选择,这对宝宝的心理健康发育是有益处的。

我生气了!

149. 怎样让男孩子有男孩子的样子？

Q 儿子 2 岁 4 个月，性格特别像个女孩子，长像也是，玩的时候不是特顽皮的那种，平时比较文静，说话柔柔软软，只会叫妈妈、婆婆、姐姐，说一些非常简单的常用词语，比如要吃奶时会叫奶奶，要吃菜时会说："妈妈，吃！"对于这么大的孩子只会说这些是不是太简单了呢？我应该怎样做才能让他像个男孩子？

A 2 岁以内的孩子一般还不会说完整句，只会说一些单词，他还处于积累语言素材的时期，日常生活丰富的语言环境有助于他对语言的理解，大约 2 岁以后，随着发音器官和发音技巧的成熟，他说话的能力就会迅速提高。2 岁以内男孩女孩的差异不大，2 岁以后他们开始逐渐拉大差异，首先表现在玩具上，女孩子喜欢一些安静的布娃娃，男孩子喜欢具有动感的车、船、飞机和枪炮，妈妈可以为宝宝买这样的玩具。男孩子还应该体现得更加主动、活泼、大胆、动感。当宝宝走路扎实了，妈妈要带领宝宝多运动，使他的身体棒棒的。还应带领孩子多出去见世面，使他的言行大大方方的。随着宝宝渐渐长大，再培养他关心别人的儒雅风范，长此以往，宝宝一定会成长为一个可爱的阳光男孩。

我是男子汉

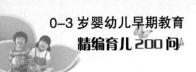

150. 宝宝为什么会怕熟悉的人？

Q 女儿1岁5个月了，最近3个月，看到有些人就大哭起来，特别怕，特别恐惧的样子，比如以前我们楼下有个叔叔，她小的时候还常常让他抱，她也和他玩，可现在看到他就躲，用手捂住眼睛；但有的人她就不怕，这是怎么回事呢？

A 6个月至2岁的宝宝处于依恋关系单一化的情感发展时期，一离开依恋对象，她就会感觉不安全，并产生焦虑和害怕的情绪，这一阶段的宝宝会强烈地依恋妈妈，同时强烈地拒绝其他人，但是宝宝的这种选择性和暂时的回避态度并不是在任何时候都以同一程度出现。当宝宝心情很快乐很放松的时候，她对外界人物的接纳程度就大一些，心理设防也弱一些，但是当她还没有接纳外人的心理准备时，外人越热情她就越退缩，甚至出现害怕的情况。这时候，妈妈不要认为宝宝没有礼貌，不给大人面子，进而强迫宝宝接受外人，这会使局面变得更加难堪，宝宝不但不配合大人，而且会更加强烈地拒绝别人，她的挫折感也更强，所以妈妈要理解宝宝的心理，巧妙地替宝宝说一声"叔叔再见"，到其他地方玩。

虽然如此，妈妈还是要经常带宝宝出来走走，过一段时间，她就会建立对外界的安全感和信任，也敢于与外人交往了。

151. 宝宝怎么突然变胆小了?

Q 儿子1岁半，一位儿子熟悉的阿姨，平时是头发扎起来的，一天散着头发来到家里玩，儿子就害怕得往后退，不敢让她进门，我让阿姨扎着头发，儿子就让她进了；然后让阿姨把头发再散开，儿子就吓得躲在妈妈后面；与阿姨肩并肩地站着时，斜着眼睛看阿姨。这是怎么回事呢？孩子是不是太胆小了，得治一治？

A 宝宝最近的变化显示他的智力发展可能进入了一个新的阶段，开始关注事物的细节以及事物的变化，而对细节和变化的新发现打破了宝宝原有的认知模式，因此心理上缺乏了安全感。因为他观察的是事物的表象："阿姨扎着头发是一个样子，现在散着头发还是阿姨吗？阿姨怎么会变呢？好莫名其妙啊！"他的大脑开始怀疑自己的眼睛，产生了不安全感。

在这种情况下，一方面，继续带宝宝经常出去玩，对于他不敢接触陌生人和陌生环境的表现，不要强迫他接近，允许他远远地观察；另一方面，平时妈妈跟他玩游戏："宝宝，妈妈给你玩个小魔术吧，变变变，看看妈妈大变样！"妈妈扎头、散头、戴帽或者戴围巾，不管妈妈的外表有什么变化，妈妈还是妈妈。这个过程实际上就培养宝宝透过现象看本质的认知发展过程，以后宝宝就把这个认识水平和能力逐渐从熟人迁移到陌生人身上，从熟悉环境迁移到陌生环境里，宝宝的安全感水平也随之逐渐提高了。

152. 怎样防止孩子被拐骗?

Q 报纸上经常报道小孩子被拐骗走,家长都害怕这样的事情发生在自己身上。那么日常生活中,家长应该如何教导孩子,防止被拐骗呢?

A 防止孩子被诱拐,父母应先教导孩子认识危险情况。比方说:邻家的伯伯、阿姨、熟悉的老师跟他聊天说话是正常的事,但在超级市场中,有人主动跟他搭讪,就不太正常了。此外,你也必须让孩子明白,问路的大人并不全是坏人,但只要据实告诉他即可,不必带他去寻找,或搭上他的车子。雨天或寒冷的冬天,如果有陌生人主动说要载他一程,也应该教孩子大声说"不"。倘若有人告诉他父母病了,要他赶快回去,也应该教孩子懂得辨别真假。孩子多半喜欢别人施以小惠,当有人主动送他玩具、糖果,或故事书时,应该教孩子学会"拒绝"。

这些方式,其实多半是口说无凭的,最好你能有机会跟他演练一番,由你扮演歹徒,使出各式各样的拐骗伎俩,让孩子实际做反应,一有不懂或反应不佳的情况,马上加以修正。和孩子之间,当然也可以商讨出一些只有你们家人知道的暗号,不懂得这些暗号的人,一律不准和他一块儿到陌生的地方去。

除此之外,你应鼓励孩子,将日常生活碰到的任何疑事,都向你诉说,并让他相信,不论他所遭遇为何事,你都不会暴跳如雷,也不会说他是超级坏小孩。

153. 宝宝总是抢人玩具怎么办？

Q 我家的宝宝2岁半了，现在有一个问题：在和小朋友玩耍的时候，总抢小朋友的玩具，不玩自己的玩具，抢来的玩具玩够了再还回去。请问宝宝的这种行为如何纠正？

A 这么大的小宝宝抢玩具是正常现象，但他"玩够了再还回去"，比起玩够了还不还回去的宝宝，他已经是优秀的超级宝宝了！3岁前的宝宝具有见异思迁的心理特点，他总觉得别人的玩具更好，即使两个完全相同的玩具，放在别人的手里，他甚至也会觉得比自己手里的玩具更好，他认为抢来的玩具才是珍宝，所以很多这么大的宝宝"在和小朋友玩耍的时候总抢小朋友的玩具，不玩自己的玩具"。怎么办呢？妈妈要帮助宝宝提升玩具的趣味性，开发玩具的新玩法。你不妨动手把宝宝手里的玩具"抢"过来，并玩得津津有味，他这才发现自己手里的玩具也是个宝，禁不住妈妈的诱惑，他可能就索要自己的玩具了，也顾不上抢别人的玩具了。如果这个方法不灵，就要明确告诉宝宝一个行为规则，即学会轮流游戏和等待别人，以及向别人征求意见。如果他做不到，就把宝宝抱离现场，不宜助长宝宝抢玩具的行为，也不宜助长宝宝强迫别人让着他先玩的行为习惯。

154. 怎样让宝宝学会谦让？

Q 宝宝在家吃东西时懂得先让给家人吃，可去了早教中心，在老师发玩具时，她就把老师手里的玩具都抱在怀里，要么去抢别的小朋友的玩具，不知该怎样纠正她。

A 你所反映的问题是宝宝的谦让行为。对于低龄宝宝来说，他在熟悉环境比在陌生环境出现的谦让行为多，他在陌生的早教中心缺乏安全感，担心失去自己刚刚得到的新玩具。成人出于礼貌的原因，在陌生环境也同样能够做到谦让，而幼小的宝宝不会为了礼貌而谦让。

鉴于宝宝的这种年龄发展特点，妈妈可以先征求他的意愿："你愿意把玩具给小朋友玩吗？"如果他不愿意，妈妈不要强迫宝宝谦让。如果他去抢别的小朋友的玩具，妈妈要告诉他："这个小朋友不愿意让别人玩他的玩具，我们不能抢人家的。"然后把宝宝抱离争抢现场，培养宝宝尊重别人的行为意识。

另外，先让宝宝做到分享，再学习谦让。分享是一种互惠双赢行为，谦让则是割舍自己所爱，对宝宝的要求更高一些；还可以让小朋友彼此交换玩具，共同游戏，体验同伴交往的乐趣，宝宝会逐渐学会分享与谦让。

155. 怎样应对宝宝莫名其妙的撒气?

Q 我的宝宝20个月了，我觉得太调皮，有时我忍无可忍打他两下，吓唬吓唬他，但他会还手，而且他不高兴时也会莫名其妙地拿我们撒气，动手打我们。我们该怎么办呢?

A 对于调皮的小宝宝，"打"和"吓唬"不但是最无效的办法，而且对宝宝还有不良的示范作用，因为调皮的宝宝也很聪明，有旺盛的精力和较多的需求，"打"和"吓唬"都是用简单粗暴的方式遏止宝宝的需求，宝宝的游戏愿望并没有得到满足，所以他会尝试更多的办法继续调皮，甚至模仿妈妈的方式，"打"和"吓唬"妈妈。应对宝宝调皮的基本方略有两种：如果妈妈精力比较充沛或比较方便，就正面引导和满足宝宝的游戏，例如有的宝宝喜欢拽别人的头发，这是让人不舒服而不受欢迎的行为，但说明宝宝对细长的线绳感兴趣，他想通过"拽"的方式来感知这一事物的特征，妈妈就可以拿一个替代物（玩具娃娃的假发或家里的废旧毛线）满足宝宝的这一兴趣；如果妈妈比较疲劳或不方便，就把宝宝抱走，让他玩其他游戏，分散宝宝的注意力即可。

156. 怎样管理宝宝才适度?

Q 我的儿子现在1岁8个月，看见孩子干什么事情我基本上不去管他，除非对他有危险的我才会去阻止。可是最近我发现他的脾气好像很大，要是有什么事情不顺着他，就会大哭发脾气！我和我先生都很苦恼，不知道应该如何处理。

A 您和先生对宝宝的爱与自由的把握还是不错的，您没有因为危险而过分限制孩子的活动，也没有因为自由而忽略对宝宝的保护，但是最近宝宝的脾气变大了，并不是您的教育态度导致的，而是宝宝有了新的发展和变化。因为您的宝宝已经喜欢在自由的空间自己探索，所以他养成了独立自主解决问题的态度倾向。但随着年龄的增大，宝宝探索的问题更多更复杂，他感觉独立自主也解决不了问题，所以他产生了挫败感，就会大哭发脾气。可见，过于独立自主的人容易跟自己叫真、叫劲，有时反而想不起来主动向别人求助了，旁边的人也没有及时发现他需要帮助，以为他能自己解决呢。

可见，妈妈要根据宝宝的情绪和行为反应善于发现他遇到的困难，在适当的时候询问宝宝是否需要帮助，让宝宝体验到还有一种解决问题的好方法，就是向他人寻求支持和帮助，宝宝将从中重塑自信与快乐。

157. 宝宝总是跟着妈妈上厕所怎么办？

Q 21 个月的小宝宝对妈妈上厕所有好奇心，会来观察，我想可能是想看看大人和她是否一样吧。是告诉她不可以进来看？还是口头跟她说一下妈妈是怎样上厕所的？

A 小宝宝对妈妈上厕所有好奇心，这很正常，她喜欢跟成人一起在厕所里待着聊天，但是厕所毕竟有异味，而且妈妈处于生理周期的时候，也不宜让宝宝关注。所以妈妈上厕所的时候，虽然不必把宝宝拒之过远，但也不宜亲密接触。如果宝宝很想知道妈妈是怎样上厕所的，妈妈可以让她进来看一次，也可以口头跟她说说。一般情况下，还是让她站在门外等着比较好，等待时可以跟妈妈说话，或者直接告诉她厕所臭，给她拿本书或让她看电视，让她自己在厕所外打发一段时间，妈妈则踏踏实实地上厕所。

宝宝以后还会对男孩子和爸爸上厕所感到好奇，这也没关系，宝宝通过观察这些现象，初步知道男女的不同，对于纯洁的小宝宝来说，男女器官与行为方式的不同只是客观现象，没有任何主观意念，所以妈妈不必从成人的角度对宝宝的行为进行判断和过分干预。

158. 宝宝多愁善感怎么办?

Q 宝宝 21 个月了，可最近不知道为什么，只要他的要求得不到满足就会哭，或生气躲到某个角落。我怕他以后老是这个样子，变成个多愁善感的娇气宝宝。我在生活中该如何引导呢?

A 21 个月的宝宝正是情绪情感发育的关键时期，也是培养宝宝学习调节情绪的好时机，情绪调节水平的高低会影响以后积极性格或消极性格的形成。当宝宝哭或者躲到某个角落的时候，妈妈首先帮助宝宝认识自己的情绪，妈妈蹲下来，看着宝宝亲切地问:"宝宝哭（或不高兴、生气）了，是吗?"这种询问也让宝宝觉得自己的情绪被妈妈接纳了，他会放松很多，有的宝宝甚至委屈地依在妈妈怀里。妈妈再把宝宝抱起来，或者搂着宝宝说:"没关系，妈妈与宝宝一起想办法。"把问题解决之后再对宝宝说:"看，有妈妈的帮助，宝宝不用怕!"学会求助是宝宝面对困难的积极态度，随着宝宝渐渐长大，妈妈应逐渐培养宝宝的自理能力，锻炼他的自助意识与能力。

159. 宝宝的要求得不到满足就哭怎么办？

Q 宝宝 21 个月，可最近不知道为什么，只要他的要求得不到满足就会哭，或生气躲到某个角落。我现在真发愁，怕他以后老是这个样子。我在生活中该如何引导？

A 21 个月的宝宝正是情绪情感发育的关键时期，也是培养宝宝学习调节情绪的好时机。当宝宝哭或者躲到某个角落的时候，妈妈首先帮助宝宝认识自己的情绪，妈妈蹲下来，看着宝宝亲切地问缘由，这种询问也让宝宝觉得自己的情绪被妈妈接纳了，他会放松很多。妈妈再把宝宝抱起来，或者搂着宝宝说："没关系，妈妈与宝宝一起想办法。"这样做并不是要完全接受宝宝的无理要求，也不是讨好、迁就、乞求正在生气的宝宝，而是让宝宝在妈妈亲切的关怀中感受妈妈的关爱，但是同时妈妈还用坚定的态度对宝宝说："你要是躲起来生气，妈妈就帮不了你了，妈妈知道你的想法了，你再听听妈妈的建议吧……"坚定的态度能让宝宝明白生气无助于解决问题，有助于宝宝恢复理性的态度。

160. 宝宝太喜欢拥抱怎么办?

Q 小女1岁9个月又23天，和小朋友在一起熟悉了就喜欢拥抱，速度极快，看也看不住，制止也制止不了，该如何引导呢?

A 拥抱是一种比较主动、热情的交流方式，但是1岁多宝宝走路、站立等身体动作的发展还不够稳定，还掌握不好拥抱的速度、力度；另外，并不是其他宝宝都愿意接受别人的拥抱，宝宝还不明白拥抱之前需要征求对方的同意，有时主动、热情的拥抱可能会吓着同伴，所以妈妈还要引导宝宝学习安全的、礼貌的拥抱。妈妈在家里可以先与宝宝进行演练，例如让宝宝先说："我可以抱抱你吗？"然后再抱。妈妈想抱宝宝，也要先征求宝宝的意见："妈妈可以抱抱你吗？"抱的时候，指导宝宝要站稳，身体不要过度倾斜。走在外面看见熟悉的小朋友，妈妈问宝宝："如果你想抱抱他，你应该先怎么做？"启发他"先动口再动手"；如果遭到同伴的拒绝，也不要伤心难过或者强迫别人拥抱，培养宝宝尊重别人意愿的好习惯，告诉宝宝还可以用拉手、分享玩具、一起游戏等方式表达对同伴的喜爱。

161. 怎样矫正宝宝急脾气?

Q 宝宝性子特别急,不能等待。如果出门,她不能等家人穿完衣物一起走,而是自己穿完衣服就要走,所以我们家是大人先穿完衣服,再给他穿,以免让他等待,怎样改改宝宝性子急的毛病呢?

A 等待是适应生活需要的一项基本能力,看起来似乎很简单,但对于宝宝来说,它需要一个自然成熟的过程。等待磨练宝宝的心智,是事物发展的时空顺序和做事的先后程序在宝宝头脑中的反映,宝宝在生活中不断体验等待是有必要的;反复的等待经验培养了宝宝对顺序和程序的理解与预见能力,他的等待能力也随之逐渐发展成熟。因此,妈妈也不要急于改变宝宝性子急的毛病,而是让宝宝完整地体验生活过程,并用简洁的语言耐心地给宝宝讲解这个过程,例如用"首先、然后、最后"这样的词汇,或者用数"1、2、3、4、5"的方式表达等待的开始与结束,都会锻炼宝宝的等待意识与等待能力,进而培养宝宝良好的性情。当然,你采用减少等待时间的方法缓解了宝宝的急躁情绪,但宝宝在生活中应该具备的等待意识与等待能力并没有培养出来。

首先、然后、最后……

162. 宝宝不会说话就着急怎么办?

Q 宝宝22个月,曾经跟着大人说话发音,比如教"马自达",他跟着说"达",最近不跟着大人发音了,只对自己喜欢的事情说"好",有时喜欢自言自语,但大人听不懂。以前还说"爸爸妈妈",现在也不说了。当孩子想做什么的时候,就用手指着,如果大人没有理解他的意思,她就会急得直哭,大人该怎么办?

A 2 岁前宝宝的语言发展有两个特点,一个是重复单字,一个是自言自语。不管是日常用语还是儿歌诗词,他都喜欢重复其中的关键词或者最后一个字词,这是宝宝练习发音、学习说话的自发行为,例如教"马自达",有的宝宝喜欢跟说"达",有的宝宝喜欢跟说"马",很少有宝宝喜欢跟说"自",因为这个字音不容易学标准,他容易发成"计"音。

所以,宝宝的语言学习是有选择性的,他会根据自己的发音能力自动调节模仿对象,妈妈不要着急让宝宝发标准音、说标准话。

宝宝的自言自语通常难以听懂,当孩子因此而着急的时候,妈妈不要着急,应耐心地"翻译"宝宝的心里话,一次不行,就多"翻译"几次,即使还有可能没有"翻译"出来宝宝的"心意",宝宝也得到了多种语言信息,对于宝宝提高语言理解力和表达力也是有积极作用的。

163. 怎样让宝宝愿意洗澡、洗头？

Q 宝宝 23 个月，特别不爱洗澡、洗头，怎么办？

A 很多宝宝都会有不爱洗澡、洗头的毛病，一般原因是：水淋湿了眼睛或耳朵、洗发水刺激了眼睛、水温让宝宝感觉烫、在水里坐不稳、淋浴水流太大而感到害怕，或者妈妈情绪比较急躁，强迫宝宝下水，让他产生逆反心理。如果宝宝不愿意洗澡、洗头，妈妈不要粗暴地命令他直接下水，可以先用湿毛巾给他擦擦身体，慢慢地换少量水洗一小会儿，然后逐渐增加水量，给宝宝一个逐渐适应的过程。另外，没必要每次都给宝宝用浴液和洗发水，还可以给宝宝买一个婴儿专用浴帽，只有帽沿而且顶头是空的，较大的帽沿可以防水淋湿眼睛，空顶方便妈妈给宝宝洗头。在澡盆里放一些玩具吸引宝宝，妈妈给宝宝讲故事、唱儿歌，创造轻松的气氛，都有利于安抚宝宝的情绪，使他愉快地配合洗澡、洗头。

164. 怎样培养宝宝讲礼貌？

Q 宝宝23个月，会说话但很内向，在人群中不太爱说话，这一点有点像她爸爸。不管家里来了客人还是去别人家做客，宝宝就是不爱叫人，即便叫，也是很不情愿地说一声。离开的时候也不喜欢说"再见"，一幅"我行我素"的样子，让人觉得孩子不太礼貌。我该怎样教育他？

A 宝宝小时候都很"自我"，凡是自己需要的就做，凡是自己不需要的就不做，礼貌是妈妈需要的，却不是宝宝需要的，所以不少宝宝都不喜欢叫人，显得没礼貌，让妈妈觉得尴尬。有的妈妈强迫宝宝叫人，结果越强迫宝宝越不叫；有的妈妈还会当着宝宝的面对别人说："这孩子不爱叫人。"结果越这么说宝宝也是越不叫；有的妈妈则采取利诱加威逼的办法，例如："宝宝叫阿姨，叫阿姨有糖吃，不叫阿姨妈妈就不理你了"。宝宝可能叫人了，却形成不了稳定的好习惯。宝宝不爱叫人不完全是礼貌问题，可能是他对陌生人没有安全感，或者正在专心做自己的事情，也有的宝宝比较害羞，不好意思或者不愿意配合妈妈的要求。不管怎样，妈妈都不宜强迫宝宝叫人。妈妈应该做的事情是不断地为宝宝示范与人打招呼的方法："这是张阿姨，张阿姨好！"坚持下去，宝宝渐渐就会好转的。如果宝宝礼貌叫人了，妈妈要及时给予肯定和表扬："宝宝真礼貌，妈妈喜欢有礼貌的宝宝。"这种强化有助于提高宝宝礼貌叫人的积极性。

165. 怎样提高宝宝的交往能力？

Q 宝宝已接近 2 岁，可是他却不爱说话，只会叫"爸爸妈妈、爷爷奶奶"，或是说简单的"走"之类的单词，其他就不会说了。有其他小朋友来玩，他也不知道怎样跟小朋友玩，小朋友给他玩具他也爱理不理，大人逼他更是抗拒。可是跟家里人一起的时候又觉得他挺活泼，这是什么原因呢？我们该怎么办？

A 你的描述涉及到宝宝的语言发展和人际交往发展两个问题，在宝宝的成长过程中它们将合并为一个问题。接近 2 岁的宝宝不喜欢说话，不会说简单的完整句，属于正常情况，但是宝宝的语言发展潜力已经处于蓄势待发的状况，因为 2～3 岁是宝宝口语发展最为迅速的时期，3 岁将能掌握 1000 个左右的词，能说完整的简单句，并出现一些不太复杂的复合句，所以妈妈要抓住这一关键时期。同时，语言是用于交流的，并在与人交往的过程中不断进步，因此，语言交流和人际交往能力将相互影响和相互促进。鉴于此，你要带宝宝多出去走走，来到小朋友多和社区居民多的人群里，开始宝宝会很警惕，不轻易地参与别人的活动，也不轻易地接受别人的主动与邀请，这是因为宝宝出来少了，对外人和外界还没有建立足够的安全感，因而显得不像在家里那样活泼。可见，妈妈要给宝宝充分观察的机会，不要急切地强迫他迅速进入角色，宝宝将渐渐减少陌生感，增强熟识和信任，产生与人交往与交流的需要，这样宝宝自然成长的潜力将爆发出来，妈妈就等着收获宝宝成长的喜悦吧！

166. 宝宝总爱摸奶头睡觉怎么办?

Q 我儿子快 2 岁了,才断奶 1 个多月,断奶的时候没有哭,可是他最近却有了个爱摸着奶头睡觉的习惯,现在不让摸着睡就哭个不停,有时候能哭上 1 个小时,不知道这样该怎么办?如果这样形成习惯了,我怕会影响他心理健康发育。急死了。

A 摸奶头睡觉的主要不良影响是宝宝更加缠妈妈,如果妈妈有时不能陪宝宝睡觉,宝宝就难以适应与他人一起睡觉,更难以养成独立睡眠的习惯。

如果宝宝第一次出现摸着奶头睡觉的行为,就遭到拒绝,他就不会养成这种不良的睡觉习惯。"现在不让摸着睡就哭个不停,有时候能哭上 1 个小时",即使这样,也不能迁就孩子摸着奶头睡觉的行为。

可以劝宝宝抱自己喜欢的毛绒玩具睡觉,让宝宝把毛绒玩具当作自己的"宝宝",学会照顾它。如果宝宝还是不愿意,妈妈只能编造"善意的谎言"了,先把奶头涂成红色,然后说:"宝宝,医生说摸着奶头睡觉会让奶头生病,你看妈妈的奶头生病了,红肿了,你要是再摸,妈妈就得住院了,不能陪你睡觉了,宝宝想让妈妈陪你吗?想让妈妈陪你就不要摸奶头睡觉了,好吗?"

167. 宝宝特别喜欢照镜子有问题吗?

Q 宝宝快2岁了,喜欢照镜子,吃饭都要对着镜子喂他。换上新衣服也要到镜子前转悠一下,出门在外时常找镜子照,有时出门不得不带上小镜子。宝宝这么喜欢照镜子,对他的心理发育有影响吗?

A 照镜子是宝宝观察自我、认识自我的一种方式,他不但在镜子里看见了自己的模样和衣服,还观察自己的动作和神情。喜欢照镜子还说明宝宝比较喜欢自己,这是一种积极的态度与情绪。

因此,一般来说,喜欢照镜子不会对宝宝产生不良影响。如果妈妈担心宝宝过度依赖照镜子,妈妈可以蹲下来对宝宝说:"宝宝看妈妈的眼睛是不是很亮?这里面也有一面镜子,你就在妈妈的眼睛里。妈妈笑着看你,就说明你很漂亮,表现很好,这样我们就不用天天照镜子了。咱们现在就试试吧,你在妈妈的眼睛里看见宝宝了吧?"

"以人为镜"为亲子之间增加了温情与浪漫!

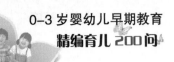
168. 女儿总是站着小便怎么办?

Q 女儿已经 2 岁多了,还是撅着屁股站着小便,总是尿在身上和裤子上。妈妈还不能说她,有一天爸爸告诉她要蹲着尿,她大声哭起来并尿到爸爸的枕头上。这孩子小时候就不省心,不识把,把她的时候她的身体就打挺,不愿意尿,但是一放下来,就又尿了,结果尿得身上、床上、衣服上哪儿都是。该怎么办呢?

A 蹲便和坐便要比站便难以掌握,因为它需要宝宝腿部肌肉有一定力量,才能把握好身体平衡;另外,这两种姿势离便池比较近,宝宝担心自己会掉进便池或者被便池里的水卷走;等宝宝再大一点,自然就能适应女孩子的小便姿势,妈妈不要太着急也不要批评宝宝。当宝宝站着尿湿裤子的时候,妈妈可以温和地对宝宝说:"裤子湿了不舒服吧,下次记着叫妈妈帮你脱裤子,好吗?"说完最好抱一抱宝宝,让她感受到妈妈的宽容、理解与信任,从中获得成长的心理力量。

169. 宝宝故意说自己是女孩儿怎么办？

Q 宝宝是个男孩子，可是别人问他是男孩儿还是女孩儿时，他总是说："我是女孩儿。"不知道他为什么这样。前天我威胁他说："搞错了！宝宝是男孩儿！"他才改口说："宝宝是男孩儿，不是女孩儿。"不知道我这样威胁他好不好。

A 2岁宝宝的性别概念正处于萌芽阶段，发展水平还比较低。心理学家的实验研究表明，这个年龄的宝宝能够挑选出自己的照片，却不知道把自己的照片放在男性还是女性那一类的盒子里；他们可能知道领带是"爸爸的"，口红是"妈妈的"，却不知道自己是属于爸爸还是妈妈那一类性别的。因此，妈妈不要对宝宝性别概念不清而着急，更没有必要"威胁他"，宝宝在正常的生活环境中均能自然地获得正确的性别概念。平时可以多从外显的发型和服饰等特点帮助他区分性别，例如女孩子梳小辫、穿裙子，男孩子不梳小辫、不穿裙子等等，然后让他看着镜子问他："你梳小辫了吗？你是男孩子还是女孩子？"让宝宝对性别概念有一个具体形象的理解。

女孩梳辫子

170. 宝宝是个"独行侠"怎么办?

Q 宝宝 25 个月,像个"独行侠",带他到小区里玩,遇到邻居家的小朋友,只是打个招呼,不和人家玩,自己玩自己的。1 岁半左右的时候,他遇到别的小朋友就动人家的东西,还要打人,现在虽然不打人,还是不跟人玩。宝宝一贯如此,有问题吗?怎么教会他与小朋友一起玩?

A 喜欢并学会与小朋友一起玩,需要宝宝的人际交往能力和游戏水平达到一定的发展阶段,2 岁左右的宝宝还不能完全做到这一点,他从独自玩到跟人玩有一个过渡时期,如果宝宝不跟小朋友玩,他能够远远地关注和观察其他小朋友的举动,也是一个不小的进步。从宝宝合作游戏的水平而言,宝宝是先学会与大人玩,再学会与同伴玩。"大伙伴"与"小伙伴"的区别在于交往关系的不平等性,"大伙伴"常常会让着宝宝,"小伙伴"之间则会公平竞争、针锋相对,是真正的平等关系。为了提高宝宝的同伴交往水平,平时妈妈与宝宝玩耍的时候,不要总是让宝宝成为赢家,按照规则公平游戏,即使宝宝输了不高兴,妈妈也不要放弃游戏规则,这样能帮助宝宝提高心理承受能力,学会遵守游戏规则。

171. 宝宝不擅运动怎么办?

Q 宝宝不擅运动,10个月的时候才会往前爬,现在他26个月,我带他去小区幼儿园玩,别的同龄小孩都在攀爬架上玩得很愉快,而他则害怕地站在一边,我鼓励他去玩他也不去,我想是不是因为他没有体会到攀爬的乐趣,我能把他直接放到攀爬架上吗?

A 你的宝宝现在不敢攀爬,说明他对攀爬的难度和危险性具有自己的预测,或者他对攀爬活动缺乏兴趣,在他还没有做好心理准备的时候,你不要把他直接放到攀爬架上,这样会吓着他。宝宝之间的运动兴趣和运动能力是不同的,妈妈不宜强求和盲目攀比。你可以采取适合宝宝心理承受能力和适宜难度的攀爬训练,让宝宝先爬高度和难度都较低的架子,最初妈妈要帮助宝宝,扶好他使他有安全感,还可以在小朋友少的时候,带他来训练攀爬,以减轻他的心理压力。此外,在一定高度放一个他喜欢的新颖玩具,告诉他如果爬上去够下来,这个玩具就是他的了,这将对宝宝具有很大的诱惑力,一旦宝宝品尝到攀爬的乐趣,他就不再畏惧攀爬了。

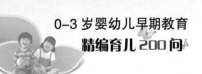

172. 宝宝必须得上幼儿园吗?

Q 宝宝 2 岁半了，小区里不少同龄宝宝都准备上幼儿园，可是我担心宝宝不适应离开妈妈，而且我看了不少幼教书籍，自己在家能教宝宝，没必要非把宝宝送到幼儿园，是吗?

A 幼儿园教育属于非义务教育，因此妈妈可以根据宝宝和自己的家庭情况，选择宝宝接受幼儿园教育还是家庭教育。幼儿园教育与家庭教育的根本区别是，前者是集体教育和制度化生活，后者是个体教育和随意性生活。对孩子的健康成长来说，两者都是有必要的。妈妈可以教宝宝在幼儿园所学习的知识与技能，但是家庭缺乏同伴群体的交往氛围，所以，如果家里有人照看宝宝而选择家庭教育，暂时放弃幼儿园教育，需要周全考虑下列因素，确保宝宝在家里也有较好的发展：主要看护者比较重视早期教育，而且有比较先进的教育观念和科学的教育方法；有比较充足的时间带孩子走出家庭，与大自然亲近；有一个比较适宜的群体，使孩子能与同龄伙伴交往；夫妻感情融洽、家庭气氛和睦；管理孩子比较有经验，既给孩子安全和自由，又让孩子有规则意识。

173. 需不需要对宝宝严格要求?

Q 宝宝28个月龄,已经在一家早教中心上了一年多的课程,我很希望自己的孩子什么都学到最好,做到最后,因此我对他的要求也比较严格,可早教中心的老师总是劝我要我放宽心,但我还是会不自觉地要求孩子,我不希望我的孩子输在起跑线上。我这是不是有点攀比心理?会不会对宝宝的心理成长造成不利影响呢?

A "希望自己的孩子什么都学到最好"容易使父母对宝宝要求严格,形成攀比心理;"不要让孩子输在起跑线"则会给妈妈很大的心理压力,产生紧张心理。实际上,社会上流行的许多诸如此类的早教口号既有一定道理,也存在偏激之处,关键还是妈妈要对此有一个理性的认识与判断。宝宝的个体差异很大,一般都有自己的优势领域和弱势领域,希望宝宝在同一时期什么都学到最好,就对宝宝的要求过高了。从人才成长的规律来说,每个人的才能展现时期也不同,有的人像神童一样"早慧",有的人像爱因斯坦一样"大器晚成"。因此,妈妈要尊重宝宝的成长方向与速度,因势利导,伴随宝宝在快乐中成长,而不要给宝宝太大的心理压力,影响他心理健康的发育。

174. 宝宝不尊重妈妈怎么办?

Q 我是一个 2 岁半男孩的妈妈，孩子的要求得不到满足的时候他非常急躁，就说大人是坏蛋，怎么都教育不好，该怎么办呢?

A 3 岁前的宝宝主要从自我需要出发，判断一件事情是令人高兴还是令人失望，还不能站在一个比较公正的角度来调节自己的心理平衡，如果妈妈首先直接跟他摆事实、讲道理，他会觉得大人是坏蛋，专门跟他对着干，所以这时候妈妈首先要关怀和接纳孩子目前的情绪，用理解的口吻跟宝宝说:"我知道你现在不高兴，因为……对吗?"妈妈也可以鼓励口语表达能力较好的宝宝自己倾诉，这种交流拉近了妈妈与宝宝之间的心理距离，为宝宝倾听和接受妈妈的建议建立了基础。有的宝宝比较急躁，一开始不能做到倾听和倾诉，反而发脾气，妈妈就把宝宝拉到一边，看着他发脾气，一直等到他能做到倾听和倾诉，这一过程将帮助宝宝学习安定自己的情绪。有时候，宝宝倾听和倾诉之后，就不再坚持自己的要求了，他的兴趣很快转移到其他事情上。有的宝宝还需要接下来再讨论怎样解决遇到的问题，如果宝宝愿意协商，就帮助他寻找一个合理的办法;如果宝宝胡搅蛮缠，就要坚决地拒绝他，否则以后就更不好教育了。

175. 怎样对待轻度自闭症的宝宝？

Q 宝宝2岁半，上幼儿园之后，老师说她不像其他小朋友那样会交流，还提醒我应该去医院检查一下，看看宝宝是不是患有自闭症。结果医院说有轻度自闭症，现在我很苦恼，宝宝为什么得这种病？宝宝是不是没有希望了？

A 妈妈的心情是可以理解的，谁都希望宝宝健健康康的，并希望宝宝有一个美好光明的未来，突然得知宝宝患有自闭症，一时难以接受这个现实。妈妈不用太自责，自闭症的原因至今没有一致的研究结论；也不要太灰心，自闭症的治疗技术已经在广泛开展。

自闭症的早期发现和早期干预非常关键，治疗越早，疗效越好。对于轻度自闭症，可以采取特殊治疗与幼儿园随班就读相结合的方法，训练宝宝学习基本的生活技能，已经有研究证明：轻度自闭症的人经过治疗能与普通人一样生活和工作。另外，有一个信息供你参考：不少患自闭症的人都有与普通人不一样的才能，呈现出生命的另外一种姿态。作为妈妈，无条件地接纳和欣赏自己的亲生骨肉，并为之全身心地付出，必然成就平凡人生中的伟大！

176. 怎样教宝宝合群?

Q 宝宝 2 岁半了,可他不怎么愿意和别的小朋友一起玩,就算和人家一起玩,也老想欺负人家,不许人家碰他的玩具,在公共场合玩的时候,也喜欢打别的小朋友,怎么办才能让他合群一些?

A 乐群性是孩子交往能力与良好性格的组成要素之一,而合群需要宝宝具有与人共同游戏的意识与水平,2 岁半宝宝在这方面的发展普遍还不成熟,需要妈妈的正确引导。2 岁半宝宝的交往状况是喜欢玩亲子游戏或者自己玩,还不能与小朋友较好地相处。

如果宝宝出现欺负人或者霸道的行为,妈妈不必过分严厉地批评、惩罚甚至打宝宝,首先要用眼神和表情制止宝宝,如果没有效果,就带宝宝离开,然后耐心地给宝宝讲浅显的道理。妈妈平时与宝宝玩游戏的时候,不要总是让着宝宝,培养宝宝平等遵守游戏规则的好习惯。带宝宝出去玩的时候,为宝宝多带几个玩具,鼓励宝宝把自己的玩具给小朋友玩;不要只带一个玩具,这样宝宝会很"吝啬"目前手里惟一的"宝宝"。这些做法都有助于增强宝宝的合群性。

177. 怎样让宝宝变得自主?

Q 宝宝现在 2 岁半,非常依恋我。只要有我在,他谁都不让抱,出去的时候一定要拉着我的手,也不怎么和其他小孩子玩。有什么办法可以让他变得自主一些吗?

A 2 岁半宝宝的依恋正处于特殊情感联结阶段,对平时照顾自己最多的人尤其是妈妈特别依恋,排斥陌生人的介入,不喜欢自己和妈妈之间出现"第三者",这会让妈妈很有成就感。但是宝宝的健康成长还需要其他成人的关照,以及与同伴的交往,所以妈妈还要意识到让宝宝逐渐接纳其他成人和小朋友。最初不要奢望宝宝一下子就能做到这一点,当宝宝不愿意接近其他人的时候,允许宝宝远远地观察,妈妈只用语言鼓励和引导宝宝与人交往,但是不要强迫他,以免让他产生很大的心理压力。当宝宝观察多了,对陌生人和陌生环境产生安全与信任感了,他慢慢就变得主动了。再过半年,宝宝就 3 岁了,可以考虑送宝宝上幼儿园,经过短暂的分离焦虑期后,他与同伴和老师自主交往的水平会取得很大进步,就不会再只是单一地依恋妈妈了。

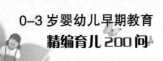

178. 宝宝有点小家子气怎么办？

Q 宝宝2岁7个月，比较小气，玩的、吃的什么都舍不得给其他小朋友分享；出去玩的时候也有点小家子气，碰见熟人让她叫阿姨、叔叔什么的，她就是不开口，请问该怎么引导她会比较好？

A 宝宝大方地与人分享玩具，大方地与人打招呼，是人人都喜欢的个性与性格，但是宝宝学会大方得有一个过程。

2岁7个月的孩子正在发展自我意识，其中物权所有是自我意识的一个重要方面，即孩子开始认识到不同的物品属于不同的主人，例如眼镜是奶奶的、拐杖是爷爷的、领带是爸爸的、纱巾是妈妈的、玩具是自己的，物归原主会让孩子有安全感和秩序感。因此，如果宝宝不同意，不要强迫她分享或谦让。

正确的引导方式是：平时在家里注意不要总是让孩子吃独食，而是与她一起吃，让她舍得与人分享并感受分享的快乐。

与人打招呼也是同样道理，宝宝对陌生人和陌生环境有安全感的时候，才会放松地与人交往，因此，妈妈平时要多带宝宝出去走走，宝宝见多识广了，在新环境就不拘谨了。

179. 怎样让宝宝愿意上幼儿园？

Q 宝宝 2 岁 7 个月，在一家幼儿园上了 2 个月，很不乐意，总是哭；现在又换了一家幼儿园，又上了 2 个月，老师对他挺好的，但他每天还是不愿意上幼儿园，算下来宝宝已经入园 4 个月了，不知道宝宝还要多久才能适应幼儿园。

A 每个宝宝适应幼儿园的时间长短不同，有的一个月左右，有的三四个月，频繁地更换幼儿园会延长宝宝的适应时间，三天打鱼两天晒网、不能坚持每天都上幼儿园的宝宝也会延长适应时间。大多数宝宝入园会与妈妈产生分离焦虑，表现为每天早上与妈妈再见时会哭闹一阵子，有的宝宝不哭闹却在幼儿园里闷闷不乐，吃饭、游戏、交往、活动都不积极。

妈妈都会很担心、很牵挂宝宝的入园适应期，但是从幼儿园回家后不要再问宝宝太多的问题，例如："宝宝在幼儿园开心不开心？""宝宝喜欢老师和小朋友吗？""饭菜吃得香不香？"目前宝宝不想上幼儿园是显而易见的，不会因为妈妈的询问和牵挂而改变对幼儿园的感情，反而被妈妈问得有心理压力："熬了一天好不容易回家了，妈妈还说幼儿园的事情，好无奈哦！"所以，回家就开心放松地生活，不再想幼儿园的事情，会缓解宝宝的入园压力。

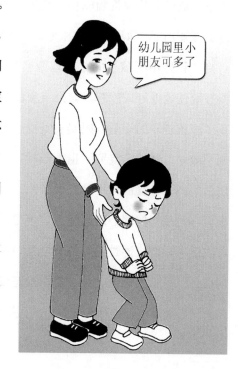

幼儿园里小朋友可多了

180. 怎样与逆反期的宝宝沟通?

Q 女儿 2 岁 8 个月，反抗心理很强，什么事情都不听劝告，爱唱反调，有时候跟她说或教她时，她一点回应都没有，就像没听到，我想和她认真地沟通，她好像故意跟你逗着玩，带这小家伙真是费劲，有什么办法呢？

A 你的女儿开始进入人生的第一次心理反抗期，第二次心理反抗期将在孩子的青春期出现。现在你的女儿正是发展自我意识的时期，她喜欢与大人唱反调，表示自己与别人的不同，以确立自我地位。如果她不愿意听从大人的意见，在保证孩子安全和健康的前提下，妈妈应该支持她尝试自己的做法，出了错也没有关系，孩子会从中得到成长与锻炼。如果女儿故意不听话，妈妈不要生气，不要理会，否则，正好中了孩子的"心理圈套"，把妈妈打败使她很有成就感。如果宝宝的行为违反了应该遵守的规则，妈妈要坚持正确的原则不放松，任凭宝宝哭闹也不心软，宝宝就明白妈妈是认真的，不是在做游戏，她就不会再三挑战妈妈的心理底线了。可见，在日常生活中，宝宝通过妈妈的态度学习区分和明白什么是认真态度、什么是游戏态度，这是第一心理反抗期进行心理教育的关键问题。

181. 快 3 岁的宝宝应该具有哪些基本能力?

Q 我的儿子 33 个月了，我想问，他应该有哪些基本能力?

A 你的宝宝快 3 岁了，面临着上幼儿园的任务，应该培养一些适应幼儿园和集体生活的基本能力，例如生活自理能力、陌生环境适应能力、与人交流表达能力，这些能力将在幼儿园得到充分的锻炼和发展。但在入幼儿园之前，如果妈妈刻意训练宝宝，那么宝宝适应过程中遇到的困难就少一些。因此，在日常生活方面，吃饭的时候妈妈要改变一直追着宝宝喂饭的习惯，培养宝宝自己拿勺吃饭的能力；睡觉的时候，逐渐锻炼宝宝自己能睡着，而不是睡觉之前缠磨妈妈；需要大小便的时候，知道向大人发出求助信号。在适应新环境方面，还要带宝宝多出去走走，较快地融入陌生环境，如果他能比较放松、自由地在陌生环境中游戏，说明宝宝很自信、很有安全感，但是足不出户的宝宝通常缺乏这些能力和状态。在人际交往方面，快 3 岁的宝宝已经基本明白和听懂日常生活用语，言语发展较好的宝宝也能说出许多日常生活用语，即使说话主动性不强的宝宝也能够根据情境并借助目光、眼神、表情、动作和简单的单词表达自己的情感和需求，这些基本能力使宝宝顺利地与妈妈、老师和同伴互动交往，促进他社会智能的发展。以上三个基本能力有了一定的基础，宝宝才有更大的空间发展自己的文化学习能力。

182. 宝宝必须得上亲子班吗?

Q 我的宝宝马上就要满 3 周岁,该上幼儿园了,我们家里的大人有的主张先送她去一些早教机构锻炼一下,有的主张在家里进行一些必要的训练就可以了。我希望能听听专家的建议。

A 两种方式都可以,前者以锻炼社会交往能力为主,后者以锻炼生活自理能力为主,两者对于上幼儿园来说都是很有必要的。如果带宝宝去亲子机构,不但要跟着老师学一些技能技巧,还要有意识地引导宝宝与老师、同伴及其妈妈打招呼,鼓励宝宝在新的环境中大胆表达自己的需求,喜欢接触新事物,遇到矛盾冲突的时候,妈妈要善于调节宝宝的情绪,不要一味地袒护他。在家里培养宝宝自己的事情自己做;学会自己吃饭不喂饭;如果自己不会大便和小便,妈妈要训练宝宝及时叫大人帮忙的能力;还要训练宝宝自己睡觉,不能过分依恋妈妈。即使经过以上训练,宝宝刚上幼儿园的一两周内,他还会产生分离焦虑,妈妈送宝宝入园的时候,还要坚定地咬咬牙不回头,配合老师帮助宝宝安全度过分离焦虑,不久宝宝就能做到高高兴兴地跟妈妈主动说再见了。

183. 宝宝进年龄大的班好，还是进年龄小的班好？

Q 宝宝快上幼儿园了，我想给她报一个亲子班先适应适应集体环境。亲子班是按照月龄分班的，我是让她进月龄大一点的班级充当小妹妹，多向大孩子学习本领呢？还是让她进月龄小一点的班级充当大姐姐，有利于培养她的自信心呢？

A 模仿大宝宝学习本领和在小宝宝面前树立自信都是孩子在成长过程中所需要的，只要妈妈正确引导，无论是在月龄大一点的班级还是月龄小一点的班级，宝宝都能兼得，它们并不完全是由月龄决定的。宝宝年龄越小，个体差异越大，即使是同一月龄，宝宝在性格个性、行为方式和动作能力上都可能有自己的特点，宝宝在亲子班里观察其他宝宝与自己有什么相同之处、有什么不同之处，都有利于开拓视野，激发学习欲望。妈妈不要见其他宝宝会什么而自己的宝宝还不会，就开始着急，实际上，宝宝的观察、模仿和学习都有一个逐渐内化的过程，也许当时不能马上看出效果，但是经过一段时间就会显现出来。自信心不足不是因为不如别人造成的，是因为不如别人而气恼、灰心造成的，妈妈不要强迫宝宝好胜和"学有所成"，这对维护宝宝的自信心非常重要。

184. 宝宝怎么忽然变腼腆了?

Q 宝宝快 3 岁了，一直很开朗，见人就说话。过完年忽然变得腼腆，总躲在我后面，不说话。是因为每个孩子必然经历的成长阶段，还是在家待时间长了，出门少的原因? 还是说父母有过激烈的争吵，对他心理有了影响? 如果是后者，我该怎么办呢? 很担心是后者。

A 如果宝宝的情绪突然发生变化，最近发生的生活事件通常是直接的诱因，父母激烈的争吵会对他产生消极的心理影响。很多情况下，父母争吵并不直接关乎宝宝的事情，但是不和睦的家庭氛围导致宝宝情绪低落、孤独自卑，他以为父母不喜欢自己、不关心自己了，有一种被父母抛弃的感觉，所以他突然变得不自信，做事提不起精神，与人交往变得退缩，成为家庭不和的受害者。3 岁正是宝宝自我意识的发展时期，他对自我的认识是积极的还是消极的与周围环境的状况密切相关，所以妈妈要为宝宝提供和谐、温情、安全的生活环境。如果在单位遇到不顺心的事情，或者与先生有冲突的时候，不要当着宝宝的面发泄垃圾情绪，而是通过主动谈心或者看书看电视转移情绪，理性地处理问题，为宝宝营造阳光灿烂的家庭生活，这种环境中的宝宝才能形成活泼开朗的性格。

185. 宝宝总尿湿裤子怎么办?

Q 宝宝快3岁了，刚上幼儿园不到两周。几乎每天都尿湿裤了，还被小朋友打伤。可是他在家时很少尿裤子，问他脸上伤是怎么回事，他却说是自己弄的。老师说他在幼儿园不爱和小朋友说话，老师问是否有小便，他总说没有，可过一会儿，就坐在位子上尿了。请问以上情况妈妈如何处理，怎样可以让孩子在幼儿园健康快乐地过集体生活?

A 你的宝宝出现的情况是不适应入园导致的"退行"现象，就是说他的某些行为倒退到以前的水平，不再尿裤子的他又尿裤子了，也不敢跟老师说小便，还会莫名其妙地承担一些责任，把受伤统统归为自己的原因。这些都是因为宝宝心理紧张、有压力，自己又不会调节。为了帮助宝宝健康快乐地上幼儿园，妈妈要理解和接纳宝宝的"退行"，不要批评他"怎么变得不懂事了?"或"宝宝长大了，不应该再尿裤子了?"等等，而是忽略不提这些事情，让宝宝放松心情，减轻压力。同时，跟老师多沟通，了解宝宝在幼儿园具体遇到了什么困难，与老师合作教育宝宝共渡入园第一关。

186. 宝宝不愿意主动说话怎么办?

Q 女儿3周岁，语言发展很好，但不愿表达，想要什么、要干什么从来不说，总要别人问她。对别人的问话不是点头就是摇头，在幼儿园只跟一个小朋友玩，回家问她幼儿园里的事她也从来不说。她在家干事、说话特别在意别人的想法，很难问出她的心里话。我们大人经常要猜她的心事，很担心她会不会自闭。

A 判断宝宝是否患有自闭症有一些简单的方法：跟他说话的时候，他不与人产生目光对视；问他问题的时候，他只是重复你的问题却不回答；而且平常喜欢玩比较机械和重复的游戏，例如反复转圈、摇摆的游戏，还有的宝宝喜欢反复背比较长的诗歌，做枯燥的计算等，这反而让妈妈感觉宝宝很聪明，智力没问题，但妈妈常常忽略宝宝不能跟人正常交往的问题。出现这些情况，妈妈应该到专门的儿童心理诊所诊断一下，早发现早治疗。如果没有以上情况，就表明宝宝有语言表达能力，但是缺乏表达的主动性，而且跟人交流的选择性比较强，不愿意跟人广泛交流，性格敏感、比较内向。像这种情况，妈妈不要急切地强迫宝宝说这说那，而是抓住她的兴趣点，鼓励她充分表达自己感兴趣的事，帮助她积累主动交流的愉快体验和成功经验。渐渐地，她说话的主动性会沿着这个兴趣点迁移，进而改善不主动交流的状况。

这是什么？

187. 宝宝喜欢重复别人说话好吗?

Q 有时候女儿会在家里对玩具好像重复幼儿园老师的话,比如说:你不许出声啊之类的。这种情况对她的成长有利吗?

A 上了幼儿园的宝宝多多少少都会出现一些"小老师行为",宝宝崇拜老师的权威,喜欢模仿老师的言行,学老师的样子下命令、提要求、表扬或批评人、维持纪律等,这说明宝宝在练习和内化老师传达的集体行为规则,同时还获得了假装老师的快乐,这是宝宝迈向社会的学习方式。但宝宝的特点是只知道用规则要求别人,不会用规则自我要求,因为他内化学习的水平还比较低,所以妈妈要为他提供帮助。当宝宝模仿老师的时候,妈妈就配合做学生,给宝宝复习规则的机会,并表扬宝宝是个"好老师";然后再反过来,妈妈模仿老师,宝宝配合当学生,让宝宝领悟规则应该共同遵守,并表扬宝宝是个"好学生"。如果宝宝既学习当老师,又学习当学生,他就能从不同角度理解规则的含义,并明白双方相互配合才能共享快乐。宝宝从上幼儿园到小学低年级,一直都会对假扮老师的游戏很感兴趣,不少宝宝的第一个人生理想就是当老师,如果妈妈善于引导,很多教育内容都可以渗透到这个游戏之中。

好好看!

188. 怎样培养宝宝一心一意做完一件事?

Q 我女儿现在 3 岁了,上了一年多幼儿园,听老师反映,做手工时动作总是很慢,在家里也是这样,吃饭总要边吃边不停地讲话,我观察过她的动作其实不慢,只是中间总是分心做点别的。虽然一直跟她强调要一心一意做完一件事再做别的,她口头虽说好,可就是改不了。

A "一心一意做完一件事"是指注意力的稳定性,对同一对象所能坚持的时间持续越长,注意力的稳定性越强。一般情况下,3 岁宝宝能集中注意 3 ~ 5 分钟,4 岁宝宝能集中注意 10 分钟左右,5 ~ 6 岁宝宝能集中注意 15 分钟,6 ~ 7 岁宝宝能集中注意 20 ~ 25 分钟。可见,如果一件事情需要两三分钟做完,两三岁的宝宝只要注意力稳定,她是可以做完的,怎样避免宝宝"中间总是分心做点别的"呢?一方面妈妈不要同时给宝宝安排多个任务,为她提供安心做好一件事的空间;另一方面,不要在宝宝面前摆放过多的材料和玩具,以免对她的注意力形成干扰。否则,宝宝的视觉容易造成混乱,不便确认自己喜欢的目标,他可能抓抓这个摸摸那个,降低了注意水平。另外,"一心一意做完一件事"是一个需要持久养成的行为习惯,就得需要妈妈"一直跟她强调",并不断地提醒、敦促和鼓励表扬。不要指望这么小的宝宝能够永远记住妈妈说的一句话然后不再需要强调,况且你的宝宝已经很优秀了,因为至少她"口头说好",这说明宝宝接受了妈妈的要求,剩下的工作就是在行为实践中不断帮助和培养宝宝了。

189. 宝宝特别爱动怎么办?

Q 儿子特别爱动，一会儿也停不下来，最老实的时候也要动动手动动脚，还有，虽然他看电视挺专心，但还是不能完全停下来，每次都在不停地动，很少有完全静下来的时候。会不会有多动症呢? 我该怎么引导他?

A 爱动是儿童的天性，大多数多动的宝宝属于行为习惯问题，未必是严重的心理疾病，但是如果宝宝的动作过多，以致影响他专心致志地完成一件事，就应该引起妈妈的注意了。国际上判断多动症的标准很多，国内和国外的标准还有所不同，带宝宝检查一下以供参考也无妨，从中还可以增加一些多动症的知识和信息，但是建议你不必给宝宝过早地下结论，因为宝宝毕竟不到 3 岁，身心正在发育之中，潜在的可变因素还很多，只要妈妈加强有针对性的教育，宝宝的情况可能会发生变化。对多动的宝宝要严格管理，不能放任自流，但也不能动不动就打骂，多多正面引导和鼓励，表扬他每个小小的进步。还有一些游戏和活动有助于培养宝宝安静、专注地做完一件事的品质，妈妈可引导宝宝积极参与。例如走平衡木，在安全的环境中你牵着宝宝的手慢慢地走马路牙子也具有相同功能，每次走的时间越长越好；读书、画画、拼图的时候，都要求宝宝坚持做完再进行其他活动，稍微大一点还可以学习下棋和弹琴。

190. 怎样让宝宝自己的事情自己做?

Q 宝宝3岁,很不听话,总喜欢使唤爷爷奶奶,自己能做的事情也不做,我们该怎么办?

A 3岁宝宝的能力已经有很大的发展,他们自己已经能够做很多事情,出现自己能做的事情却不做的情况,大多数原因是爷爷奶奶太懂宝宝的心思了,宝宝想要什么,手一指、眼神一示意,爷爷奶奶就明白了,然后忙不迭地给孙子拿来,结果养成宝宝不动手不动口,稍加示意就能指挥爷爷奶奶的习惯。因此,爷爷奶奶以后不宜再对孙子大包大揽了,有些事情让他自己做。最初改变这种习惯的时候,孩子可能不愿意,妈妈不宜一下子对孩子要求很高,应该采取循序渐进的方式,例如先为孩子做一半,另一半留给孩子自己做。如果宝宝能自己完整地做一件事,妈妈就及时表扬,以此强化孩子的好行为,提高宝宝独立做事的愉悦感和自豪感,减少对成人的依赖性。同时,妈妈不要对宝宝过度保护,过度担心宝宝做事不安全,束缚宝宝的手脚会让他感觉自己无能,因而他遇事总是求助于别人,其实很多事情宝宝自己做起来并没有太多的危险因素,妈妈要给孩子尝试和锻炼的机会。

191. 怎样给3岁的宝宝立规矩?

Q 宝宝3岁，这个年龄的孩子好像都特别调皮，有没有必要给这个年龄段的孩子制定一些规则?

A 你的问题很好，对3岁的宝宝有必要制定行为规则了，因为3岁的宝宝已经有足够的智力理解规则，也有一定的意识调控自己的行为。宝宝都很调皮，但是有的调皮很可爱，有的调皮惹人烦，其中的差异就在于宝宝的调皮是否收放有度。懂规则的宝宝知道什么时候可以自由活泼地玩耍，什么时候应该听妈妈、老师和小朋友的话调整自己的行为，所以他与别人的关系总是比较和谐；而不懂规则的宝宝想怎么样就怎么样，对规则的理解、接受和执行水平都比较低，不尊重他人的意见，这实际上会影响宝宝的社会化进程。

192. 宝宝性格特别要强怎么办?

Q 儿子现在3岁,性格特别要强,无论什么事情做不好、争不到第一就着急,又哭又闹,钢琴弹不好着急,折纸没折好着急,穿衣服没穿好也着急,甚至说要把衣服剪了、扔了。我该怎么办? 这样的孩子是不是有心理问题?

A 性格特别要强的宝宝喜欢竞争,但是竞争的心理素质还有待培养。竞争本身是个中性词,对人具有健康、向上、文明的积极促进作用的就是良性竞争,使人变得自私、狭隘、妒忌、规避、退缩等消极现象的就是恶性竞争。竞争的结果必然有赢有输,只能赢不能输的宝宝心理承受能力比较弱,争不到第一就着急,又哭又闹,折腾得自己沮丧,大人也难过。所以妈妈要教育宝宝竞争中"输得起"的品质,它意味着认输而不服输,并力争东山再起的良性竞争状态。从小培养良好的竞争素养是他们应对未来成人社会竞争生活的基础。这要求亲子游戏时妈妈别总是让着宝宝,别给孩子造成他总是胜利的假象,因为幼儿与成人的思维方式不一样,大人觉得让着宝宝只是玩玩而已,他却把游戏当成"工作"一样对待,要在游戏中让宝宝知道有输有赢,并锻炼他承受输局的心理素质。同时还向宝宝传授基本的知识和技能,因为竞争主要是依赖自身的潜能和优势,知识和技能上的匮乏常常是宝宝产生挫败感的直接因素,如果宝宝是这种情况,就手把手地教他知识和技能,让他产生成就感,树立自信心。

193. 怎样对宝宝进行音乐早教?

Q 宝宝现在 3 岁。她 1 岁时就表现出很强的音乐天赋,听到音乐就会手舞足蹈; 2 岁时能跟着音乐翩翩起舞,乐感和节奏感都很好。都说音乐教育要趁早,我该怎么对他进行音乐方面的早教?

A 宝宝的乐感和节奏感好,为她进一步提高音乐智能打下了良好的基础。如果妈妈一直能帮助宝宝保持好对音乐的兴趣,并且条件允许的话,3 岁的宝宝可以参加奥尔夫音乐教学活动、学习键盘乐器或者学习唱歌和跳舞,这些都是专业的音乐教育;如果妈妈不能胜任,就要为宝宝在正规的教育机构报名学习。当然,专业的音乐教育会有大量的专业技能训练,不少宝宝开始有兴趣,后来因不喜欢枯燥的重复练习而放弃了学习。所以,妈妈能否调理好宝宝学习中的畏难情绪,是音乐早教是否成功的关键,而不要以宝宝能否通过考级为判断标准。如果妈妈没有得力的办法让宝宝坚持学习,就不要强迫宝宝,不要因此扼杀宝宝对音乐的兴趣,因为音乐早教的根本目的是培养宝宝的审美情趣、健康的情绪、和谐的心理,而不是音乐技能技巧训练。

194. 3 岁宝宝适合接受专业的音乐教育吗?

Q 宝宝进幼儿园了，特别喜欢唱歌，对音乐的节奏也特别敏感，我想这可能是孩子的一个潜能，我想送孩子去系统学习，比如钢琴，但是很多妈妈都说学钢琴要到 5 岁左右学才差不多，我家宝宝才刚 3 岁多，可以接受这样专业系统的音乐教育吗?

A 这些妈妈的建议有一定道理。学习音乐不要局限于早早地弹琴，在宝宝的手指发育还不完善的情况下，不宜让宝宝长时间练琴。现在为宝宝创造丰富的音乐环境最重要，让宝宝有机会多听多唱，培养宝宝的乐感和唱歌的勇气。为宝宝选择好听的起床音乐和睡觉音乐，让他每天都听，鼓励宝宝每天快乐地、大方地唱歌，妈妈做宝宝忠诚的听众和粉丝，这都有益于提高宝宝的音乐素养。在早期教育中，宝宝对音乐真正动情、动嘴、动脑了，对以后动手弹琴将产生积极的作用。

195. 宝宝欺负人怎么办?

Q 宝宝在家里挺好的，可是一到外面就有暴力倾向，老师也反映宝宝在幼儿园有欺负人的现象，这是怎么回事？"以其人之道还治其人之身"的方法教育宝宝行不行？

A 宝宝在家里挺好的，是因为大人们都让着宝宝，宝宝生活在不平等、没有冲突的环境中，自然也没有锻炼出解决冲突的能力。可是一到外面，小朋友之间的游戏规则是平等的，宝宝会觉得很不适应，为了获得自己的"特权"，他就可能采取暴力行为应对伙伴之间的冲突。因此，宝宝要成长为一个适应社会规则的人，就一定要走出家庭，进入同伴集体，学习解决冲突的正确方法。你说的"以其人之道还治其人之身"，大概是指宝宝打了别人，你也让他尝尝被打的滋味。这种方法一时也会奏效，但是从长远影响来说，不是个好办法。因为"以暴制暴"会加重宝宝的暴力倾向，使他更加依赖暴力解决问题。妈妈还是应该教给宝宝正确解决问题的办法，例如用语言表达自己的需求，等待别人的回应，学会诚恳地道歉，尝试合作与分享的技巧等等。有时使用自然后果法还是可以的，例如打人失去了朋友、受到老师的批评，宝宝会难过，有这种消极体验之后，妈妈耐心地讲道理，对宝宝会有"亡羊补牢"的教育效果。

对不起！

196. 怎样教育在外面蔫的宝宝？

Q 宝宝在家里很霸道，但是在外面很蔫，别的小朋友打他，他不会还手，也不知道告状，宝宝总是吃亏会不会影响他的心理发展？我能不能教他还手？

A 这个宝宝与上一个问题中的宝宝似乎正好相反，实际上原因是一样的，都是因为家人总是让着宝宝，结果宝宝没有学会与人平等相处。只不过宝宝的个性倾向不同，所以面对同一现象，解决问题的方式差别很大，上一个宝宝比较外向和暴力，这个宝宝比较内向和退缩，他们同样需要加强指导。教宝宝还手，可能消解妈妈一时之气愤，但对宝宝是一个误导，因为宝宝仍然没有学会正面解决问题的方法，可能还会使矛盾升级。可以教宝宝首先学会大喊一声："老师！""妈妈！""住手！"之类的简短语言，用语言制止对方。接着让宝宝放松心情，慢慢讲清事情的经过，分析宝宝在哪个环节可以有较好的办法解决问题，并演示给宝宝，让宝宝重复做一遍，不断提高宝宝解决问题和人际交往的能力。

图书在版编目(CIP)数据

精编育儿200问/鲍亚范,戴淑凤主编.—北京:华夏出版社,2013.1
(0~3岁婴幼儿早期教育)
ISBN 978 - 7 - 5080 - 7354 - 5

Ⅰ.①精… Ⅱ.①鲍… ②戴… Ⅲ.①婴幼儿 - 哺育 - 问题解答
Ⅳ.①TS976.31 - 44

中国版本图书馆 CIP 数据核字(2012)第 300845 号

精编育儿 200 问

主　编　鲍亚范　戴淑凤
责任编辑　曾令真　梁学超

出版发行　华夏出版社
经　销　新华书店
印　刷　北京人卫印刷厂
装　订　三河市李旗庄少明印装厂
版　次　2013 年 1 月北京第 1 版
　　　　2013 年 1 月北京第 1 次印刷
开　本　787×1092　1/16 开
印　张　16.5
字　数　235 千字
定　价　39.00 元

华夏出版社　网址:www.hxph.com.cn　地址:北京市东直门外香河园北里4号　邮编:100028
若发现本版图书有印装质量问题,请与我社营销中心联系调换。电话:(010)64663331(转)